Manfred Scholdt

Temperaturbasierte Methoden zur Bestimmung der Lebensdauer und Stabilisierung von LEDs im System

AF382728

**Temperaturbasierte Methoden zur Bestimmung der
Lebensdauer und Stabilisierung von LEDs im System**

SPEKTRUM DER LICHTTECHNIK   **BAND 4**

Lichttechnisches Institut
Karlsruher Institut für Technologie (KIT)

Temperaturbasierte Methoden zur Bestimmung der Lebensdauer und Stabilisierung von LEDs im System

von
Manfred Scholdt

Dissertation, Karlsruher Institut für Technologie (KIT)
Fakultät für Elektrotechnik und Informationstechnik, 2013
Referenten: Prof. Dr. Cornelius Neumann, Prof. Dr. Tran Quoc Khanh

Impressum

Karlsruher Institut für Technologie (KIT)
KIT Scientific Publishing
Straße am Forum 2
D-76131 Karlsruhe
www.ksp.kit.edu

KIT – Universität des Landes Baden-Württemberg und
nationales Forschungszentrum in der Helmholtz-Gemeinschaft

Diese Veröffentlichung ist im Internet unter folgender Creative Commons-Lizenz
publiziert: http://creativecommons.org/licenses/by-nc-nd/3.0/de/

KIT Scientific Publishing 2013
Print on Demand

ISSN 2195-1152
ISBN 978-3-7315-0044-5

TEMPERATURBASIERTE METHODEN ZUR BESTIMMUNG DER LEBENSDAUER UND STABILISIERUNG VON LEDs IM SYSTEM

Zur Erlangung des akademischen Grades

Doktor der Ingenieurswissenschaften

von der Fakultät für

Elektrotechnik und Informationstechnik

des Karlsruher Instituts für Technologie (KIT)

genehmigte

DISSERTATION

von

Dipl.-Phys. Manfred Georg Scholdt

Tag der mündlichen Prüfung: 06.06. 2013

Hauptreferent: Prof. Dr. Cornelius Neumann
Korreferent: Prof. Dr. Tran Quoc Khanh

DANKSAGUNG

Ich möchte mich bei allen bedanken, die mich während der Zeit der Dissertation unterstützt, angetrieben und immer wieder motiviert haben. Mein besonderer Dank geht an folgende Personen:

Meine Familie für täglichen Rückhalt und Aufmunterung zur rechten Zeit und meine Eltern, die durch ermutigenden Zuspruch und fleißiges Korrigieren ebenfalls wesentlich zum Gelingen beigetragen haben.

Ich bedanke mich bei Herrn Professor Cornelius Neumann für die Übernahme als Doktorand in der Arbeitsgruppe und die Betreuung meiner Arbeit; ebenso bei Herrn Professor Tran Quoc Khanh für die Bereitschaft, die Arbeit als Korreferent zu übernehmen, sowie Herrn Professor Uli Lemmer für die Aufnahme am Lichttechnischen Institut.

Des Weiteren geht mein Dank an das Bundesministerium für Bildung und Forschung, ohne deren finanzielle Unterstützung die Arbeit nicht zustande gekommen wäre.

Schließlich möchte ich mich bei Dr. Klaus Trampert, sowie meine Kollegen im UNILED-Projekt Franziska Herrmann und Martin Perner für produktive Diskussionen und das kritische Prüfen von Ideen bedanken. Zuletzt sei Christian Herbold für fleißiges Korrigieren der Arbeit und Simon Wendel für gewinnbringende Diskussionen herzlich gedankt.

Inhaltsverzeichnis

KAPITEL 1

MOTIVATION

LED-Systeme haben begonnen, sich neben der Anwendung im Display und im Automobil auch in der Allgemeinbeleuchtung zu etablieren. So hatten LED-Systeme für die Allgemeinbeleuchtung in Jahr 2011 bereits einen Marktanteil von einigen Milliarden Euro [1]. Als treibendes Verkaufsargument für LED-Systeme wird neben der Energieeffizienz die lange Lebensdauer von einigen zehntausend Stunden angeführt. Allerdings rückt das Werben mit solchen langen Lebensdauern besonders negativ in den Mittelpunkt der Aufmerksamkeit, wenn eine Firma auf der Verpackung eines LED-Systems eine Lebensdauer von 50.000 Stunden angibt, bei einer Überprüfung durch Stiftung Warentest alle Muster dieses LED-Systems innerhalb der ersten 1.000 Brennstunden ausfallen [2].

Aus diesem Grund besteht die Notwendigkeit, die Lebensdauer von LED-Systemen zu testen. Allerdings stoßen klassische Alterungstests, in denen die LED-Systeme über eine Zeit der angegeben Lebensdauer betrieben werden, an praktische und finanzielle Grenzen. So müsste beispielsweise ein Produkt bei einer Testlänge von 25.000 Stunden, was der Lebensdauerangabe vieler LED-Systeme entspricht, umgerechnet 2 Jahre und 10 Monate auf die Ergebnisse des Alterungstests warten. Da eine solche Verzögerung vor der Markteinführung eines LED-Systems unrealistisch ist, muss bereits eine Methode gefunden werden, schneller eine valide Lebensdauerprognose erstellen zu können.

Um die Problematik der unsicheren Lebensdauerprognose zu lösen, widmet sich der in dieser Arbeit behandelte Teilaspekt des BMBF-

Projektes UNILED der Fragestellung, wie die Lebensdauer von LED-Systemen mit einer möglichst geringen Testdauer prognostiziert werden kann.

In der Konzeption eines Lebensdauertests für LED-Systeme muss beachtet werden, dass ein LED-System ein sehr komplexes Bauteil ist. So benötigen die meisten LED-Systeme ein elektrisches Vorschaltgerät (EVG), da einzelne LEDs nicht mit der Netzspannung betrieben werden können. Dementsprechend kann der Ausfall eines LED-Systems durch das EVG oder die LEDs verursacht werden. Da beide Bereiche eine detaillierte Untersuchung benötigen, wird die Lebensdaueranalyse von LED-Systemen in diese beiden Bereiche aufgeteilt. In die hier vorgestellten Arbeit wird die Lebensdauer der Komponente LED im System ermittelt, während eine Partnerarbeit im Rahmen des UNILED-Projektes die Lebensdauer des LED-Systems auf Basis des EVGs untersucht.

Vor dem Aufbau eines Tests zur Bestimmung der Lebensdauer von LED-Systemen muss zunächst geklärt werden, was der Begriff Lebensdauer in der Anwendung auf LED-Systems bedeutet. Deshalb beginnt Kapitel 2 mit einer Definition des Lebensdauerbegriffs, der im Kontext eines LED-Systems auf die irreversible Lichtstromdegradation während der Betriebsdauer des LED-Systems zurückgeführt wird. Auf dieser Definition der Lebensdauer aufbauend werden zwei Methoden entwickelt und geprüft, mit denen die Lebensdauer von LED-Systemen prognostiziert werden kann.

Die erste Methode, in Kapitel 4 vorgestellt wird, überträgt die Lebensdauerprognose von einzelnen LED-Chips auf die LEDs im System. Dafür wird der Betriebspunkt der LEDs im System bei Standardbedingungen bestimmt und in Bezug mit den Umgebungsbedingungen in der Anwendung gesetzt. Resultierend kann für ein LED-System die Lebensdauer der LEDs in Abhängigkeit der Umgebungstemperatur angegeben werden. Mit dieser Methode lässt sich sehr schnell eine

Prognose der Lebensdauer von LEDs im System erstellen, es besteht aber die Abhängigkeit von den Angaben des LED-Chipherstellers.

In der zweiten Methode wird ein Alterungstest durchgeführt, was in Kapitel 6 beschrieben wird. Um eine früher Prognose der Lebensdauer der LEDs abgeben zu können, wird die Lichtstromdegradation der LED-Systeme gemessen und nach der mathematischen Beschreibung der Extrapolation der Lichtstromdegradation von Einzelchips nach der Norm TM-21 ausgewertet [3]. Die Methode des Alterungstest ist deutlich aufwendiger, erlaubt aber eine Lebensdauerprognose der LEDs im System ohne Kenntnis der Herstellerdaten.

Eine große Schwierigkeit in der Durchführung des Alterungstests bei LED-Systemen besteht darin, den Fehler einer ungenügenden thermischen Stabilisierung des LED-Systems bei den Wiederholungsmessungen zur Bestimmung der zeitabhängigen Lichtstromdegradation zu eliminieren, ohne durch lange Stabilisierungszeiten den zeitlichen Rahmen der Wiederholungsmessungen zu sprengen. Um dieses Problem zu lösen, wird die Methode zur analytischen Beschreibung der thermischen Systemstabilisierung von LED-Systemen entwickelt, welche in Kapitel 5 vorgestellt wird. Mit der Methode kann einerseits der Lichtstromwert im thermisch stabilen Zustand prognostiziert und andererseits gezeigt werden, in welchem Stabilisierungsgrad sich ein LED-System zu einem gegebenen Zeitpunkt befindet. Daraus lässt sich für einen bestimmten Zeitpunkt ein Fehler aus mangelnder Stabilisierung berechnen, woraus die Möglichkeit entsteht, in Normen beschriebene Methoden zur Bestimmung der Stabilisierungszeit zu bewerten und zu verbessern. Mit der Terminologie kann am Beispiel der LED-Systeme des Alterungstests gezeigt werden, dass bei Stabilisierungszeiten, die nach der IEC-Norm DIN/PAS 62717 ermittelt werden, systematischen Messfehler von bis zu 3 %[1] gemacht werden [4].

Bevor die Ergebnisse der Arbeit gezeigt werden, werden in Kapitel 2 neben der Lebensdauerdefinition auch die Grundlagen der irreversiblen und der reversiblen Lichtstromdegradation erläutert. Da beide Effekte von der Chiptemperatur abhängen, wird erläutert, welche Temperatur sich im LED-Chip stationär und zeitabhängig einstellt. Die Grundlagen werden in Kapitel 3 mit Verfahren zur Temperatur- und Lichtstrommessung abgeschlossen.

---

[1]Dieser Fehler von 3 % muss im Kontext der gemessen Langzeitdegradation des Lichtstroms betrachtet werden. So beträgt beispielsweise zur Vorhersage einer Lebensdauer von 25.000 Stunden die Lichtstromdegradation im Zeitraum der Messung weniger als 8,2 %.

KAPITEL 2

GRUNDLAGEN

Zu Beginn wird der Lebensdauerbegriff im Allgemeinen und von LEDs im Speziellen erläutert, wobei letzterer auf die Lichtstromdegradation der LEDs zurückgeführt wird. Anschließend werden die physikalischen Grundlagen der Lichtstromdegradation von LEDs erklärt und zwischen verschiedenen Mechanismen unterschieden. Hierbei werden reversible und irreversible Degradation unterschieden, da nur die irreversible Degradation die Lebensdauer beeinflusst. Darauf werden die wichtigen elektrischen Kenngrößen einer LED und der Einfluss der Temperatur auf diese erläutert. Abschließend werden die verschiedenen Wärmestrommechanismen vorgestellt und die Bezeichnungen von verschiedenen Temperaturen im LED-System definiert. Abschließend wird gezeigt, wie die Chiptemperatur für zeitunabhängige und für zeitabhängige Probleme berechnet werden kann.

2.1. DEFINITION DER LEBENSDAUER

Zunächst erfolgt eine allgemeine Definition des Lebensdauerbegriffs, da dieser im allgemeinen Sprachgebrauch häufig missverständlich verwendet wird. Darauf wird die Lebensdauer von LEDs in Übereinstimmung mit den aktuellen Normen definiert und diese Definition auf LED-Systeme übertragen.

2.1.1. ZUVERLÄSSIGKEIT UND LEBENSDAUER

„Die Lebensdauer einer Betrachtungseinheit umfasst die Zeitspanne vom Beginn der Beanspruchung oder der Inbetriebsetzung bis zum Ausfallzeitpunkt" [5]. Diese Definition der Lebensdauer, die der Verband der Automobilindustrie so vorgegeben hat, spiegelt die Erwartungen eines Verbrauchers wieder. Die Lebensdauer gibt ein Zeitintervall an, in dem das beschriebene technische Produkt funktioniert bzw. vom Verbraucher verwendet werden kann.

Um diese Lebensdauer immer richtig anzugeben, müsste der Hersteller jedes Muster eines Systems solange messen, bis sein Ausfallzeitpunkt erreicht ist. Da bei dieser Herangehensweise keine funktionierenden Systeme übrig blieben, muss auf eine statistische Bestimmung der Lebensdauer zurückgegriffen werden. Diese wird über den Umweg der Zuverlässigkeit eines technischen Systems abgeleitet. Für diese kann wieder eine passende Definition aus der Automobilindustrie verwendet werden: „Zuverlässigkeit ist die Wahrscheinlichkeit, dass ein Erzeugnis unter gegebenen Betriebsbedingungen während einer bestimmten Zeit bestimmte Mindestwerte nicht unterschreitet" [5]. Zur Bestimmung der Zuverlässigkeit eines Systems müssen folglich die drei Teile Ausfallwahrscheinlichkeit, Betriebsbedingungen und Mindestwerte erläutert und in Bezug gesetzt werden.

AUSFALLWAHRSCHEINLICHKEIT

Wäre zu jedem Zeitpunkt die relative Ausfallhäufigkeit des Systems bekannt, was im kontinuierlichen Fall der Dichtefunktion f(t) entspricht, könnte die Ausfallwahrscheinlichkeit F(t) folgendermaßen berechnet werden [6]:

$$F(t) = \int_0^t f(\xi)d\xi \tag{2.1}$$

Da diese Dichtefunktion für ein vorhandenes System in der Regel nicht bekannt ist, muss in Lebensdauertests versucht werden, verschiedene Funktionen der Ausfallwahrscheinlichkeit an das Ausfallverhalten eines Systems anzupassen. Das Ausfallverhalten vieler technischer Systeme entspricht der Weibullverteilung [7]. Die Ausfallwahrscheinlichkeit der Weibullverteilung berechnet sich folgendermaßen.

$$F(t) = 1 - e^{-\left(\frac{t}{T}\right)^{b}} \qquad (2.2)$$

Der erste freie Parameter dieser Funktion ist die charakteristische Lebensdauer T. Zum Zeitpunkt der charakteristischen Lebensdauer sind 63,2 % der Systeme ausgefallen, wobei die Wahl dieses Zeitpunktes zunächst nur eine mathematische Größe darstellt. Die Form der Verteilung wird durch die Ausfallsteilheit b beschrieben. Die Größe dieses Formparameters kann Aufschluss über die Ausfallursache eines Systems geben, was im Anschluss erläutert wird.

In manchen technischen Systemen stellen sich bestimmte Fehler erst nach einer gewissen Betriebszeit ein. Für diese Systeme ergibt sich dann unterhalb der ausfallfreien Zeit t_0 eine Ausfallwahrscheinlichkeit von Null. Für Zeiten oberhalb der ausfallfreien Zeit kann die Ausfallwahrscheinlichkeit durch die dreiparametrige Weibullverteilung beschrieben werden.

$$F(t) = 1 - e^{-\left(\frac{t-t_0}{T-t_0}\right)^{b}} \qquad (2.3)$$

Um das Verhalten der Ausfallwahrscheinlichkeit technischer Systeme besser veranschaulichen zu können, wird die Ausfallrate $\lambda(t)$ verwendet. Diese beschreibt, welcher Anteil der zur Zeit t noch funktionsfähigen Muster eines Systems in einem kleinen Zeitintervall zur Zeit t ausfällt. Die Ausfallrate berechnet sich aus der Ausfallwahrscheinlichkeit und der Dichtefunktion folgendermaßen:

$$\lambda(t) = \frac{f(t)}{1 - F(t)} \qquad (2.4)$$

Die Ausfallrate technischer Systeme unterliegt in der Regel innerhalb ihres Lebenszyklus starken Änderungen, die auf verschiedene Ausfallmechanismen zurück schließen lassen. So kann die in Abbildung 2.1 gezeigte sogenannte Badewannenkurve, die eine Auftragung der Ausfallrate über der Zeit ist, in drei Bereiche mit unterschiedlich starken Änderungen der Ausfallrate bzw. unterschiedlichen Werten für b eingeteilt werden:

- $b < 1$: Die Frühausfälle

- $b = 1$: Die Zufallsausfälle

- $b > 1$: Die Verschleißausfälle

Der Bereich der Frühausfälle ist gekennzeichnet durch eine erhöhte Ausfallwahrscheinlichkeit in der Anfangsphase des Betriebs eines Systems. Diese Ausfälle können auf Qualitätsschwankungen in der Fertigung, bereits vorgeschädigte Komponenten oder ähnlichen Gründen beruhen. Sie haben nichts mit den betriebsbedingten Ausfallursachen zu tun, sind aber ein besonderes Ärgernis für den Hersteller, da Frühausfälle besonders zur Unzufriedenheit des Endverbrauchers beitragen. Von Herstellerseite lassen sie sich durch ein sogenanntes „Burnin", ein Betreiben der Systeme in der Frühausfallphase, ausfiltern.

Der zweite Bereich wird als der Bereich der Zufallsausfälle bezeichnet. In diesem fallen Systeme mit einer konstant niedrigen Ausfallrate aus. Diese Ausfälle werden als zufällig bezeichnet, da es in dieser Phase des Lebenszyklus des Systems keine systembedingten Gründe für den Ausfall gibt. Das Muster fällt folglich ohne äußerlich erkennbaren Grund aus.

In den dritten Bereich fallen die Verschleißausfälle. Dieser wird durch eine wachsende Ausfallrate gekennzeichnet, da bestimmte unersetzbare Komponenten das Ende ihrer Funktionsfähigkeit erreicht haben und systematisch ausfallen. Der Ausfall dieser Komponenten bedingt folglich den Ausfall des Gesamtsystems, weshalb in der Regel die anfälligste Komponente den Ausfallzeitpunkt des Gesamtsystems bestimmt.

Ein Test zur Bestimmung der Ausfallwahrscheinlichkeit nach Weibull wird folgendermaßen durchgeführt: Der Anteil der ausgefallenen Muster des getesteten Systems wird doppellogarithmisch über dem Ausfallzeitpunkt in ein sogenanntes Weibull-Lebensdauernetz aufgetragen, wie es in Abbildung 2.1 gezeigt wird. In dieser Auftragung wird die exponentielle Weibullverteilung zu einer Geraden mit der Steigung b. Mithilfe dieser sogenannten Weibullgeraden wird die Anpassung der Weibullverteilung an die Messergebnisse durchgeführt. Gibt es im Lebensdauertest einen Übergang zwischen den verschiedenen Bereichen der unterschiedlichen Ausfallmechanismen, zeigt sich dieser Übergang als Knick zwischen zwei Geraden.

RANDBEDINGUNGEN

Neben der Ausfallwahrscheinlichkeit werden in der Definition der Zuverlässigkeit noch die Umgebungsbedingungen erwähnt. Diese können bei verschiedenen Baugruppen unterschiedlich sein, müssen jedoch immer bei der Angabe einer Ausfallwahrscheinlichkeit bekannt sein. Beispielsweise sollte es intuitiv klar sein, dass eine LED bei 25 °C Umgebungstemperatur eine andere Ausfallwahrscheinlichkeit besitzt als bei 250 °C.

Zusätzlich bietet die Veränderung der Randbedingungen eine Möglichkeit, die Ausfälle von Systemen in einem Alterungstest zu beschleunigen. Bei elektrischen Systemen wird häufig der Test mit erhöhter Umgebungstemperatur durchgeführt, da eine empirische Formel besagt, dass 10 °C Temperaturerhöhung eine Halbierung der Lebensdauer bewirken [7]. In diesem funktionierenden beschleunigten Test würde sich

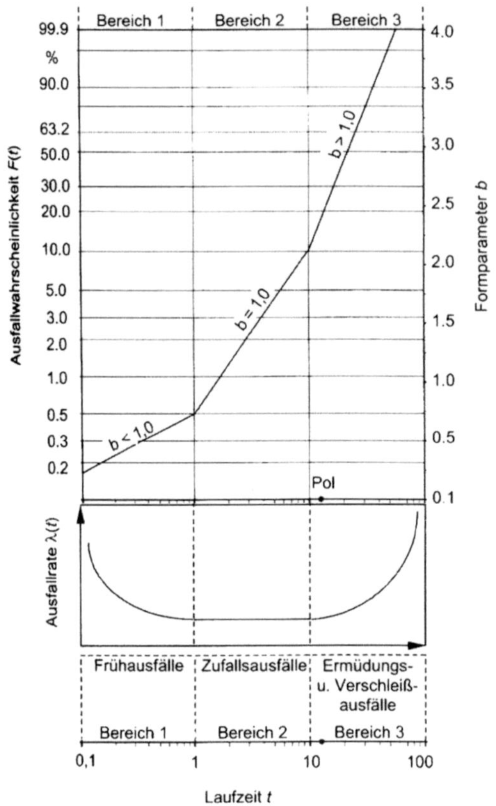

Abbildung 2.1.: Die Badewannenkurve teilt den Lebenszyklus eines Systems in Zeitbereiche unterschiedlicher Ausfallwahrscheinlichkeiten ein. Bereich 1 bezeichnet die erhöhte Ausfallwahrscheinlichkeit am Anfang des Lebenszyklus, Bereich 2 die Zufallsausfälle in der Zeitspanne des normalen Betriebs und Bereich 3 die Verschleißausfälle am Ende des Lebenszyklus eines Systems. Die drei Bereiche zeichnen sich in der Betrachtung des Weibull-Lebensdauernetzes durch unterschiedliche Größen der Ausfallsteilheit aus [7].

T ändern, b aber konstant bleiben. Werden durch die Temperaturerhöhung neue Ausfallmechanismen aktiviert, ändert sich ebenfalls der Formparameter b und aus der Beschleunigung kann keine Aussage für tiefere Temperaturen abgeleitet werden.

MINDESTWERTE

Im letzten Teil der Definition der Zuverlässigkeit werden bestimmte Mindestwerte erwähnt, die ein System einhalten muss. Dies ist für Systeme wichtig, bei denen der Ausfallzeitpunkt nicht objektiv festgestellt werden kann, da ihre Eigenschaften sich über die Betriebszeit verändern. Diese Objektivität ging beispielsweise bei Lampen zunächst verloren. Bei einer Glühlampe kann der Ausfallzeitpunkt an dem Zeitpunkt festgemacht werden, an dem sie plötzlich keinen Lichtstrom mehr emittiert. Solche sogenannten Totalausfälle treten bei LEDs auch auf, sind aber nicht die dominierende Fehlerquelle [8]. Die dominierende Fehlerquelle von LED-Systemen ist die kontinuierliche Degradation des LED-Lichtstroms über der Betriebszeit. Somit ergibt sich die Notwendigkeit, ein LED-System als defekt zu deklarieren, sobald es aufgrund des Lichtstromrückgangs die geforderte Beleuchtungsaufgabe nicht mehr erfüllt. Da das Erfüllen einer Beleuchtungsaufgabe als objektives Kriterium unpraktisch ist, werden Mindestwerte für den emittierten Lichtstrom definiert, womit sich der Ausfallzeitpunkt wieder objektiv feststellen lässt.

LEBENSDAUER

Zusammenfassend kann die Zuverlässigkeit eines technischen Systems als eine Kurve der Ausfallwahrscheinlichkeit bezeichnet werden,

die über die Umgebungsbedingungen und die Angabe von zu erfül-
lenden Mindestwerten freie Parameter besitzt. Die freien Parameter
bestimmen die Form dieser Kurve. Um daraus einen Zeitpunkt abzuleiten, der als die Lebensdauer eines Systems angeben werden kann,
muss ein weiterer Parameter bekannt sein: der Prozentsatz der Muster
eines Systems, die zu dem Zeitpunkt noch funktionieren sollen. Da
diese Werte je nach Einsatzgebiet eines Systems unterschiedlich sind,
werden sie im nächsten Abschnitt für LEDs definiert.

2.1.2. LEBENSDAUER VON LED-SYSTEMEN

Im Folgenden wird gezeigt, wie die Lebensdauer speziell für LED-
Systeme definiert ist und dass die Lebensdauer der Systeme auf der
Lebensdauerdefinition von LEDs basiert.

LED-SYSTEME

Zur Lebensdauerdefinition von LED-Systemen werden in übereinstim-
mender Nomenklatur von den Normungsgremien der europäischen
IEC (International Electrotechnical Commission) sowie der nordameri-
kanischen IES (Illuminating Engineering Society) der Prozentsatz der
ausgefallenen Muster und der Mindestwert explizit genannt [4, 9]. Der
Wert des prozentualen Ausfalls der Systeme wird mit B_y angegeben,
wobei y die prozentuale Anzahl der ausgefallen Muster beschreibt. In
der Beleuchtungsindustrie fängt sich ein Wert von 50 % (B_{50}) an zu
etablieren, wobei die Normen den Wert offen lassen.

Als Mindestwert wird der Lichtstromrückgang verglichen zum Wert
zu Beginn des Betriebs verwendet. Der Schwellwert x %, auf den der

Lichtstrom maximal abfallen darf, wird durch die Bezeichnung L_x angegeben. So wird beispielsweise ein Rückgang auf den Schwellwert von 70 % des Ausgangslichtstroms als L_{70}-Wert bezeichnet. Zum aktuellen Zeitpunkt hat es auch den Anschein, als würde sich der L_{70}-Wert als allgemeine Schwellenwertgrenze etablieren, allerdings wird der Wert in den zitierten Normen noch offen gelassen. In der weiteren Beschreibung in dieser Arbeit wird in Übereinstimmung mit der allgemeinen Sprachregelung der Beleuchtungsindustrie der Begriff der Lebensdauer als Synonym zum $L_{70}B_{50}$-Wert verwendet.

Diese Angaben der Lebensdauer beziehen sich auf die Zuverlässigkeit eines Gesamtsystems. Dieses hängt von der Zuverlässigkeit der einzelnen Komponenten ab. Bei einem LED-System können diese in zwei Gruppen eingeteilt werden: Die Zuverlässigkeit der LEDs und des elektrischen Vorschaltgeräts (EVG). Aufgrund der Komplexität beider Ausfallursachen wird die Untersuchung dieser Arbeit auf die Untersuchung der LEDs[1] beschränkt. Diese Ergebnisse können jedoch mit Arbeiten zum EVG folgendermaßen zusammengefasst werden:

$$F_{LED\,System}(t) = 1 - (1 - F_{LED}(t)) \cdot (1 - F_{EVG}(t)) \qquad (2.5)$$

Dementsprechend wird im Anschluss die Fragestellung der Lebensdauer des LED-Systems auf die Frage nach der Lebensdauer der LEDs im System verschoben.

LEBENSDAUER DER LEDS

Zur Lebensdauerbestimmung von LEDs müsste deren Lichtstrom gemessen werden, bis dieser auf die angegebenen Schwellenwerte abgesunken ist. In der praktischen Bestimmung kann aus Zeitgründen

---

[1] Eine Partnerarbeit beschäftigt sich mit den Ausfällen von EVGs.

nicht so lange gemessen werden[2]. Deshalb wird von den Chipherstellern der Lichtstrom in der Anfangsphase gemessen und die Lichtstromdegradation zu langen Zeiten extrapoliert. Um diese Ergebnisse zu vereinheitlichen, hat die IES mit den führenden Chipherstellern die Norm TM-21 erarbeitet [3]. In dieser wird vorgeschrieben, dass der Lichtstrom alle 1.000 h bis mindestens 6.000 h gemessen werden soll. Die gemittelten Lichtstromdaten sollen nach der Methode der kleinsten Quadrate an folgende Funktion angepasst werden:

$$\Phi(t) = Be^{-\alpha t} \tag{2.6}$$

Die in dieser Anpassung verwendeten Größen sind folgende: $\Phi(t)$ ist der durchschnittliche Lichtstrom der LED, der auf den Messwert zum Zeitpunkt t=0 h normiert wird. Da die Messdaten sich über eine Mittelung ergeben, muss der Lichtstrom zum Zeitpunkt t=0 h nicht notwendigerweise gleich Eins sein. Diesem Ergebnis kann über die Konstante des projizierten Lichtstroms B Rechnung getragen werden. Der letzte freie Parameter besteht aus der inversen Zeitkonstante α. Diese inverse Zeitkonstante beschreibt die zeitliche Degradation der LED und ist folglich der entscheidende Parameter der zeitlichen Vorhersage der LED-Degradation. Ein Beispiel für die gemessene Lichtstromdegradation ist in Abbildung 2.2 zu sehen.

Mit Kenntnis der Parameter B und α kann die Lichtstromdegradation prognostiziert werden. Diese Parameter gelten allerdings nur für ein bestimmtes LED-Modell und den festen Randbedingungen Betriebsstrom und Chiptemperatur und sollen unter Nennung dieser Randbedingungen von den Chipherstellern veröffentlicht werden[3]

---

[2]Ein Jahr dauert 8760 Stunden. Somit könnten beispielsweise über LEDs, die mit einer Lebensdauer von >54.000 h angegeben werden, erst sechs Jahre nach der Entwicklung ein vollständiges Datenblatt veröffentlicht werden.

[3]Die Parameter von B und α sollen nach der TM-21 von allen Herstellern offen zugänglich gemacht werden. Zum Zeitpunkt dieser Arbeit waren diese Werte nur bei einem Hersteller zu finden.

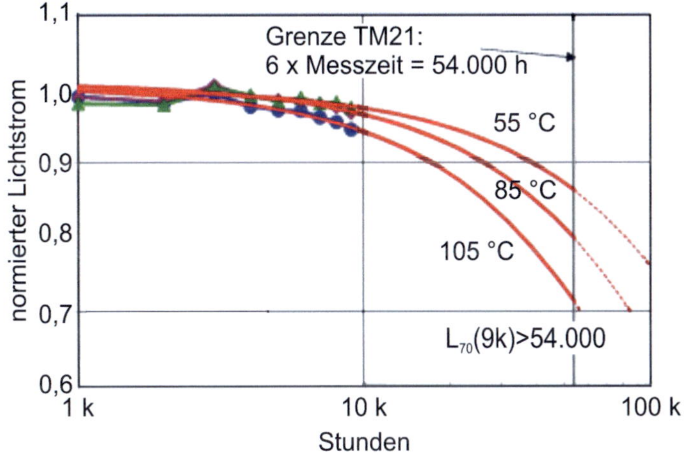

Abbildung 2.2.: Gemittelte Messdaten einer 3000 K LUXEON bei I_F=0,7 A nach TM-21. Für die verschiedenen Lötpunkttemperaturen von 55 °C, 85 °C und 105 °C wurde die Lichtstromdegradation bis zur Bewertungsgrenze (hier 6×9.000 h) extrapoliert. (Verändert nach [10].)

[10]. Aus diesen Parametern kann mit Gleichung 2.7 ein beliebiger Schwellenwert wie der L_{70}-Wert berechnet werden.

$$L_{70} = \frac{ln\left(\frac{B}{0,7}\right)}{\alpha} \tag{2.7}$$

Die aus dem L_{70}-Wert ermittelte Lebensdauer darf jedoch nach TM-21 nicht immer als Lebensdauer angegeben werden. Ist der berechnete Wert größer als 6-mal die gemessene Zeit zur Berechnung der Parameter B und α, darf die Lebensdauer nur als größer dieses Zeitpunktes angegeben werden. So ergibt sich bei der häufig verwendeten Messzeit von 6.000 h eine Lebensdauer von mehr als 36.000 h, die folgendermaßen angegeben wird: $L_{70}(6k)>36.000$ h.

Nach der Rückführung der Lebensdauer von LEDs auf die Lichtstromdegradation wird im Anschluss erläutert, welchen Einflüssen der Lichtstrom einer LED unterliegt.

2.2. Einfluss der Temperatur auf die LED

Die Lebensdauer von LEDs wird über die zeitliche Lichtstromdegradation bei den konstanten Randparametern elektrische Leistung und
Temperatur definiert. Deshalb wird zunächst erklärt, welche Prozesse
diese Degradation hervorrufen und warum diese irreversibel sind. Darauf wird die Änderung des Lichtstroms aufgrund der Änderung der
Randparameter erläutert, da diese Lichtstromänderungen die Langzeitdegradation überlagern können, was zu einer Fehlinterpretation
der Alterung führen würde. Die Änderung der Randparameter wird
unterteilt in den thermischen Einfluss auf den Lichtstrom, der als reversible Degradation bezeichnet wird, und den thermischen Einfluss
auf die elektrischen Parameter.

2.2.1. Irreversible Degradation des Lichtstroms

Wird eine LED bei konstanten Betriebsstrom und Chiptemperatur
betrieben, reduziert sich auf der Zeitskala von vielen tausend Stunden der emittierte Lichtstrom der LED. Dieser Zusammenhang wird
als irreversible Degradation des Lichtstroms bezeichnet, da sich dieser Prozess nicht umkehren lässt. Zum Erklären dieser irreversiblen
Degradation müssen die verschiedenen quantenmechanischen Rekombinationsprozesse betrachtet werden. Diese Rekombinationsprozesse
beschreiben, wie die über den elektrischen Strom in der LED bereitge-
stellten Ladungsträger ihre Energie abgeben.

Der in der LED erwünschte Prozess ist die strahlende Rekombination. In diesem Prozess wird die Energie der Ladungsträger in Photonen umgewandelt. Dem gegenüber stehen Rekombinationsprozesse, bei denen die Ladungsträgerenergie als Phononen an den Halbleiter abgegeben wird, was zu dessen Erwärmung führt. Typischerweise in LEDs auftretende Prozesse sind die Oberflächen-, Auger-, und SRH- (Shockley-Read-Hall-) Rekombination [11]. Von diesen Prozessen wird im Folgenden die SRH-Rekombination besonders erläutert, da dieser Prozess über die LED-Lebensdauer immer dominanter wird, weshalb sich das Gleichgewicht der Rekombinationsraten immer weiter zu Ungunsten der strahlenden Rekombination verschiebt.

Damit sich ein Gleichgewicht zwischen den Rekombinationsraten einstellen kann, müssen sich Ladungsträger im Bauteil befinden. Da die Ladungsträger proportional zur Stromdichte J der LED sind, kann das Gleichgewicht der Rekombinationsraten in Proportionalität zur Stromdichte J angegeben werden [12]:

$$J \propto R_{SHR} + R_R + R_{Rest} \tag{2.8}$$

In dieser Gleichung sind R_{SHR} die SRH-Rekombinationsrate, R_R die strahlende Rekombinationsrate und R_{Rest} die Zusammenfassung aller weiteren Rekombinationsraten, die der Vollständigkeit halber aufgeführt wurden. Die Effizienz der LED hängt folglich von Verhältnis der strahlenden Rekombination zu den anderen Rekombinationsraten ab, weshalb deren Abhängigkeiten genauer betrachtet werden.

DIE STRAHLENDE REKOMBINATION

Die strahlende Rekombination funktioniert schematisch folgendermaßen: Am pn-Übergang der LED rekombinieren Elektronen und Löcher unter Emission eines Photons. Die Energie dieses Photons entspricht dabei, wie in Abbildung 2.3a schematisch angedeutet, der Energiedifferenz der beiden beteiligten Ladungsträger. Da für diesen Rekombinationsprozess sowohl ein Elektron als auch ein Loch notwendig sind, hängt die Rekombinationsrate R_R sowohl von der Elektronendichte n als auch von der Löcherdichte p ab. In gängigen LEDs hängt die Ladungsträgerkonzentration stark von der Stromdichte und schwach von der Dotierung ab ($n \approx p$), weshalb unter Multiplikation einer materialabhängigen Proportionalitätskonstante B die Rekombinationsrate R_R folgendermaßen berechnet werden kann [12]:

$$R_R = Bnp \approx Bn^2 \tag{2.9}$$

Somit besteht für die Rekombinationsrate der strahlenden Rekombination R_R eine quadratische Abhängigkeit von der Ladungsträgerdichte.

DIE SHOCKLEY-READ-HALL-REKOMBINATION

In einem theoretisch absolut reinen Halbleiter existieren energetisch innerhalb der Bandlücke keine Zustände. Somit entspricht bei der Rekombination von einem Elektron und einem Loch die freiwerdende Energie mindestens der Bandlückenenergie. Da diese Energie im Vergleich zur thermischen Energie sehr groß ist, kann die Relaxation von Ladungsträgern über die Bandlücke mit Energieabgabe über Phononen an das Gitter vernachlässigt werden[4].

In einem realen Halbleiter lassen sich allerdings keine solchen Systeme realisieren, da sich in geringen Konzentrationen Fehlstellen bzw. Fremdatome im Gitter einnisten. Durch diese Fehlstellen entstehen Zustände innerhalb der Bandlücke, weshalb ein Ladungsträger über

---

[4]Die Bandlückenenergie einer blauen InGaN-LED, die bei 450 nm emittiert, liegt bei $E_{LED} \approx$ 2,7 eV. Die thermische Gitterenergie bei Raumtemperatur von 300 K ist mit $E_{th}=k_B T \approx$ 0,026 eV dagegen um zwei Größenordnungen kleiner.

diesen Zustand von Leitungs- in das Valenzband relaxieren kann. Dieser Prozess, der in Abbildung 2.3b schematisch zu sehen ist, hat eine deutlich höhere Wahrscheinlichkeit. Da sich an diesem Prozess nur ein Ladungsträger beteiligt, berechnet sich die Rekombinationsrate R_{SRH} linear über die Dichte des Ladungsträgers n bzw. p. Die für diese Berechnung verwendete materialabhängige Proportionalitätskonstante A hängt direkt von der Konzentration der Fremdatome N_T ab, welche auch als Defektdichte bezeichnet wird. Somit ergibt sich folgende Abhängigkeit für die SRH-Rekombination [12]:

$$R_{SRH} = An \approx Ap \propto N_T n \tag{2.10}$$

Im Zuge der Verbesserung der LED-Wirkungsgrade wurde die Reinheit der in der LED verwendeten Halbleitersystemen deutlich erhöht. Dem gegenüber steht aus thermodynamischen Gründen das Bestreben von Fremdatomen und Fehlstellen, in den Halbleiter zu diffundieren. Dieser Diffusionsprozess geht so lange, bis die Defektdichte einen letztendlich stabilen Zustand erreicht hat. Dieser kann über den Boltzmann-Faktor bestimmt werden [11].

$$N_T = Ne^{-\frac{E_a}{k_B T}} \tag{2.11}$$

Somit ist für das Diffusionsbestreben der Fremdatome neben dem Materialparameter der Aktivierungsenergie E_a des Einbaus der Fremdatome die Gittertemperatur der treibende Faktor. Je weiter dieser Diffusionsprozess voranschreitet, umso mehr erhöht sich stetig der Anteil der SRH-Rekombination und bedingt dadurch eine schlechtere Effizienz der LED, was als Alterung der LED wahrgenommen wird.

ALTERUNG VON LEDS

Die Alterung oder irreversible Degradation von LEDs geht auf den Anstieg der Rekombinationsrate der SRH-Rekombination und somit

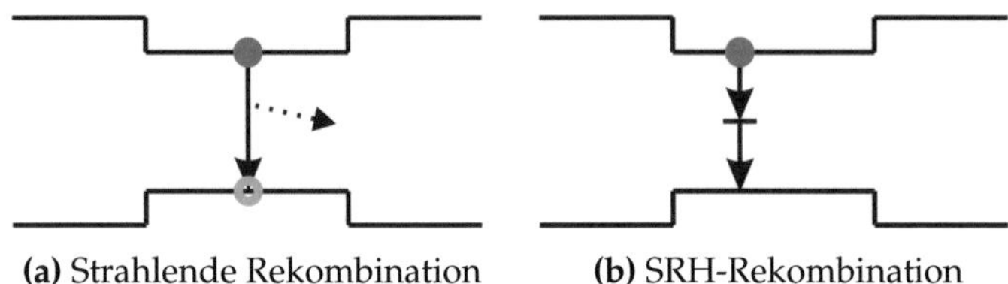

(a) Strahlende Rekombination   (b) SRH-Rekombination

Abbildung 2.3.: Schematische Übersicht der verschiedenen Rekombinationsmechanismen in einem Halbleiter. a) Bei der strahlenden Rekombination rekombinieren Elektronen und Löcher unter Emission eines Photons. b) Bei der SRH-Rekombination relaxieren die Ladungsträger nichtstrahlend in Zustände von Fremdatomen innerhalb der Bandlücke.

auf die Diffusion von Fremdatomen in die aktive Zone zurück. Diese Diffusion von Fremdatomen hängt, wie in Gleichung 2.11 beschrieben, stark von der Chiptemperatur ab.

Um aus dem Anstieg der SRH-Rekombination den Einfluss auf die irreversible Degradation abschätzen zu können, werden die Rekombinationsraten der SRH- und der strahlenden Rekombination in ihrer Abhängigkeit von der Ladungsträgerdichte nochmals in Gleichung 2.8 eingesetzt.

$$J \propto R_{SRH} + R_R \propto An + Bn^2 \tag{2.12}$$

Da die Ladungsträgerdichte n von der Stromdichte abhängt, ergibt sich aus Gleichung 2.12 folgende Abhängigkeit der Rekombinationsraten von der Stromdichte. Bei niedrigen Stromdichten wirkt sich die SRH-Rekombination stärker auf das Gleichgewicht der Rekombinationsraten aus als bei hohen. Diese theoretische Überlegung kann messtechnisch überprüft werden [13, 14].

Aus diesem Grund muss die irreversible Degradation immer unter einer konstanten Stromdichte bewertet werden. Da sich bei einer LED die geometrischen Ausmaße innerhalb der Lebensdauer nicht ändern, ist die Angabe der Stromdichte äquivalent zur Angabe des Betriebsstroms der LED.

Die bisher beschriebene Alterung begründet die irreversible Lichtstromdegradation der LED. Bei weißen LEDs erfolgt die weitere Alterung durch die Degradation des Phosphors oder anderer optischer Komponenten [15]. In diesen Systemen hat die Temperatur ebenfalls eine besondere Bedeutung, da eine bestimmte Aktivierungsenergie benötigt wird, um verschiedene Alterungsmechanismen zu aktivieren. Ist eine solche Temperatur erreicht, verringert sich der Wirkungsgrad des Phosphors, was auch optisch durch eine Eintrübung zu erkennen ist [16]. Aufgrund der Vielfalt der verwendeten Phosphorsysteme wird zur Lösung dieser Problematik auf die Messergebnisse zur Lebensdauerbestimmung der Hersteller nach Norm TM-21-11 verwiesen [3].

Diese Alterungsmechanismen bedingen jeweils eine Verringerung des Lichtstroms bei konstanten Randparametern, weshalb im Anschluss der Einfluss der Änderung dieser Randparameter auf den Lichtstrom beschrieben wird.

2.2.2. REVERSIBLE DEGRADATION DES LICHTSTROMS

Als erster Parameter wird der Einfluss der Temperatur auf die LED untersucht. Von der Chiptemperatur T_j hängt der Lichtstrom folgendermaßen ab: Erhöht sich die Chiptemperatur, reduziert sich der Lichtstrom. Da bei einem wiederholten Absenken der Chiptemperatur auf den Ursprungswert der Lichtstrom ebenfalls wieder auf den Ursprungswert ansteigt, wird diese Lichtstromdegradation als reversible Degradation bezeichnet.

Die Temperaturabhängigkeit der LED geht auf die thermische Abhängigkeit der verschiedenen Rekombinationsraten zurück, wobei sich aus diesen keine direkte Abhängigkeit herleiten lässt. Als Versuch, für die experimentellen Daten eine formale Abhängigkeit zu finden, wird in Anlehnung an die Lasergleichung folgender exponentieller Zusammenhang vorgeschlagen [11]:

$$\Phi(T) = \Phi(T_u)e^{-\frac{T-T_u}{T_1}} \tag{2.13}$$

In dieser Gleichung ist T_1 eine charakteristische Temperatur, die ein Materialparameter des verwendeten Halbleiters darstellt. Typische Werte der charakteristischen Temperatur von LEDs aus dem Jahr 2000 gehen von $T_1 \approx 100$ K bei roten AlInGaP-LEDs bis $T_1 \approx 1600$ K bei blauen InGaN-LEDs, wie in Abbildung 2.4 zu sehen ist [17]. Diese Aussage über die Temperaturabhängigkeit von LEDs wird in Abschnitt 5.2 durch den Vergleich mit LEDs neuerer Bauart ergänzt.

Einen stärkeren Einfluss auf den LED-Lichtstrom als die Temperatur hat der Betriebsstrom. Da dieser aber vom Betreiber der LED über das EVG festgelegt werden kann, wird die Reduktion des Lichtstroms über das Absenken des Betriebsstroms als Dimmen und nicht als Degradation bezeichnet.

2.2.3. TEMPERATURABHÄNGIGKEIT DER ELEKTRISCHEN PARAMETER

Bei der LED sind neben dem Lichtstrom auch die elektrischen Parameter Strom und Spannung von der Chiptemperatur abhängig. In einem idealen pn-Übergang lässt sich der Diodenstrom I_D über die Shockley-Gleichung beschreiben [18].

$$I_D = I_s \left(e^{\frac{eU}{k_b T}} - 1 \right) \tag{2.14}$$

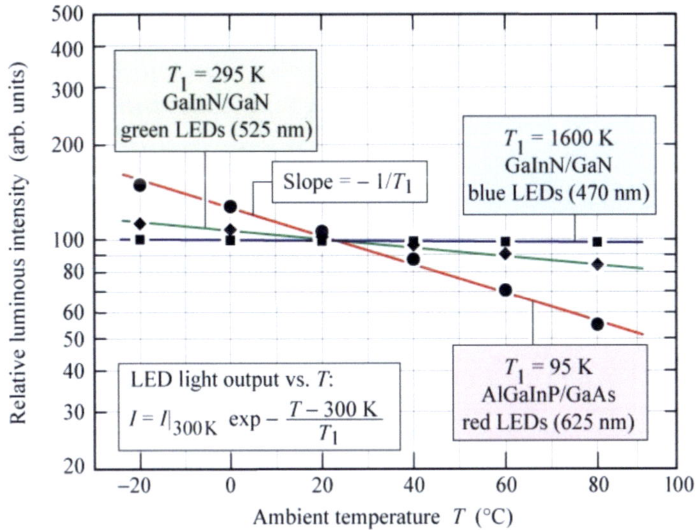

Abbildung 2.4.: Die reversible Degradation des Lichtstroms abhängig von der Chiptemperatur von verschiedenen InGaN- und AlInGaP-Systemen [11].

In dieser Gleichung sind I_s der Sättigungsstrom der Diode, e und k_B die Elementarladung und die Boltzmannkonstante. Da eine LED vom Grundprinzip her aus einem pn-Übergang besteht, kann dieses Shockley-Verhalten auch bei einer LED gemessen werden, was in Abbildung 2.5 zu sehen ist. Diese Abbildung zeigt die UI-Kennline einer weißen InGaN-LED. In dieser folgt der Strom exponentiell einer Erhöhung der Spannung, und die Kennlinie verschiebt sich bei Erhöhung der Chiptemperatur nach links zu kleineren Spannungen.

Aufgrund der exponentiellen Abhängigkeit von Strom und Spannung werden LEDs in den meisten Anwendungen über einen konstanten Betriebsstrom geregelt, da die LED so stabiler betrieben werden kann. Eine leichte Änderung der Chiptemperatur ruft bei konstanter Span-

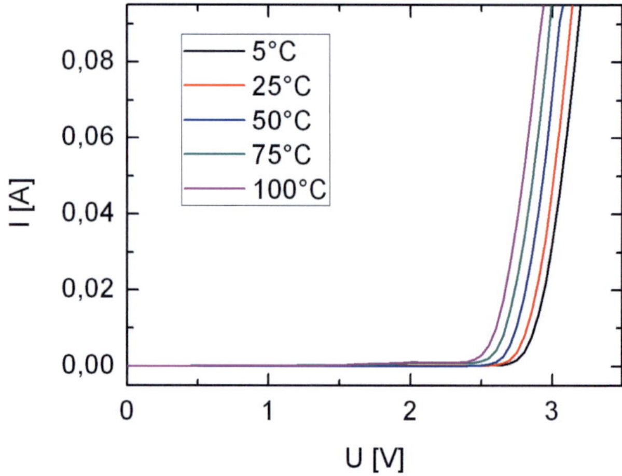

Abbildung 2.5.: Messung der UI-Kennlinie einer weißen LED: Der Diodenstrom steigt bei Erhöhung der Spannung exponentiell an. Die Erhöhung der Chiptemperatur verschiebt die UI-Kennlinie nach links zu kleineren Spannungen.

nung eine exponentielle Änderung des resultierenden Betriebsstromes hervor, was starke Auswirkungen auf den Lichtstrom hat.

Für einen konstanten Betriebsstrom ergibt sich dagegen eine lineare Abhängigkeit der Spannung von der Chiptemperatur, wie sich durch Umstellen von Gleichung 2.14 zeigen lässt.

$$U_D = ln\left(1 + \frac{I_D}{I_s}\right)\frac{k_B}{e}T \qquad (2.15)$$

Diese leichte temperaturabhängige Spannungsänderung bei konstantem Betriebsstrom kann auch zur Temperaturmessung in der LED verwendet werden [19]. Eine darauf basierende Messmethode wird in Kapitel 3 beschrieben.

Nachdem viele temperaturabhängige Eigenschaften der LED vorgestellt wurden, wird anschließend erläutert, welche Temperatur sich in einer LED im Betrieb einstellt.

2.3. TEMPERATUREN IM LED-SYSTEM

Um zu verstehen, welche Temperatur eine LED in einem System im Betrieb erreicht, werden zunächst die grundlegenden Wärmetransportmechanismen erklärt. Daraufhin werden die verschiedenen Temperaturen definiert, die zur thermischen Beschreibung eines LED-Systems verwendet werden. Anschließend wird speziell der thermische Pfad einer LED erläutert und gezeigt, auf welche Temperatur die LED im stabilen Zustand ansteigt. Abschließend wird das zeitliche Verhalten der Temperatur vor diesem stabilen Zustand beschrieben.

2.3.1. DIE WÄRMETRANSPORTMECHANISMEN

In der Natur gibt es drei Wärmetransportmechanismen: Die Wärmeleitung, die Konvektion und die Wärmestrahlung. Diese werden im Folgenden vorgestellt und in ihrer Bedeutung für die Entwärmung von LED-Systemen erläutert.

DIE WÄRMELEITUNG

In einem Festkörper kann Wärme sowohl über Elektronen als auch Gitterschwingungen transportiert werden. Um diesen komplizierten Wärmetransport auf der makroskopischen Ebene leichter beschreiben zu können, wird analog zur elektrischen Leitfähigkeit die thermische Leitfähigkeit λ definiert. Die Einheit dieser Wärmeleitfähigkeit lautet $[\lambda]=\mathrm{W}m^{-1}K^{-1}$.

Mithilfe der Wärmeleitfähigkeit beschreibt das Fourier-Gesetz den Zusammenhang zwischen einem Temperaturgradienten und der daraus folgenden Wärmestromdichte $\vec{q}$ [20].

$$\vec{q} = -\lambda \nabla T \tag{2.16}$$

Aus der Wärmestromdichte lässt sich analog zum elektrischen Strom ein Wärmestrom $\dot{Q}$ definieren.

$$\dot{Q} = \int \vec{q} d\vec{A} \tag{2.17}$$

Unter der Annahme zweier Flächen mit jeweils konstanter Temperatur kann in Analogie zum elektrischen Strom ein thermischer Widerstand R_{th} zwischen diesen beiden Flächen definiert werden.

$$R_{th} = \frac{\Delta T}{\dot{Q}}; \ [R_{th}] = \frac{K}{W} \tag{2.18}$$

Der thermische Widerstand kann ebenfalls aus den geometrischen Bedingungen des wärmeleitenden Körpers bestimmt werden. So berechnet sich der thermische Widerstand eines Körpers der Schichtdicke d und der Fläche A folgendermaßen:

$$R_{th} = \frac{d}{\lambda A} \tag{2.19}$$

Um einen möglichst geringen thermischen Widerstand zu erzielen, sind folglich möglichst kleine Schichtdicken und große Querschnittflächen erforderlich. Ebenfalls spielt das verwendete Material eine entscheidende Rolle. So haben Metalle meist große Wärmeleitfähigkeiten, die sich in der Größenordnung von einigen $100\,\mathrm{W}m^{-1}K^{-1}$ befinden. Um zwei bis drei Größenordnungen schlechtere Leitfähigkeit haben Isolatoren, bei denen die Wärmeleitung über Elektronen

Tabelle 2.1.: Stoffgrößen der thermischen Leitfähigkeit nach [20, 21].

Material	Wärmeleitfähigkeit $[Wm^{-1}K^{-1}]$
Kupfer	390
Gold	310
Aluminium	230
GaAs	50
Quarzglas	1,4
Wasser	0,6
FR4	0,3
Epoxidharz	0,2
Luft	0,026

fast vollständig unterbunden ist. In Tabelle 2.1 sind die Wärmeleitfähigkeiten einiger ausgewählter Stoffe aufgelistet.

Da ein reelles System selten aus einem Material besteht, bietet sich die thermische Beschreibung über den thermischen Gesamtwiderstand $R_{th\,Ges}$ an. Die Berechnung des Gesamtwiderstands aus den Einzelwiderständen kann analog zu den Gesetzen der elektrischen Widerstände durchgeführt werden. Sind die thermischen Widerstände in Serie geschaltet, addieren sie sich zu einem Gesamtwiderstand.

$$R_{th\,Ges} = R_{th\,1} + R_{th\,2} + ... + R_{th\,N} = \sum_{i=1}^{N} R_{th\,i} \qquad (2.20)$$

Zur Bestimmung des thermischen Gesamtwiderstands bei parallelgeschalteten Einzelwiderständen müssen diese dagegen invers addiert werden.

$$R_{th\,Ges} = \left(\frac{1}{R_{th\,1}} + \frac{1}{R_{th\,2}} + ... + \frac{1}{R_{th\,N}} \right)^{-1} = \left(\sum_{i=1}^{N} \frac{1}{R_{th\,i}} \right)^{-1} \qquad (2.21)$$

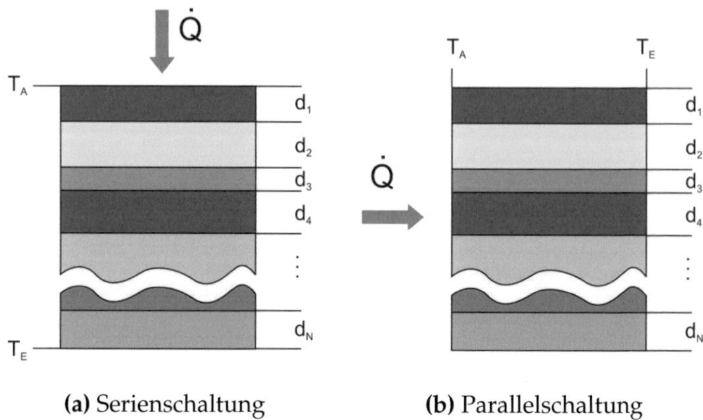

(a) Serienschaltung **(b)** Parallelschaltung

Abbildung 2.6.: Veranschaulichung der Serien- und Parallel-schaltung von thermischen Widerständen nach [20].

Eine schematische Darstellung der Fälle von Serien- und Parallelschaltung von thermischen Widerständen ist in Abbildung 2.6 zu sehen.

Zur Abschätzung des Gesamtwiderstandes durch Serien- und Parallelschaltung haben folgende Eigenschaften von Einzelwiderständen besondere Bedeutung: Gibt es in einer Serienschaltung einen besonders großen Einzelwiderstand, wird der Gesamtwiderstand von diesem dominiert. Im Gegensatz dazu hat bei einer Parallelschaltung der kleinste Widerstand eine herausragende Bedeutung, da dieser die Größe des Gesamtwiderstands maßgeblich beeinflusst.

Neben dem Wärmetransport durch Festkörper, kann Wärme auch durch ein Fluid transportiert werden, was im Anschluss beschrieben wird.

DIE KONVEKTION

Die Wärmeübertragung innerhalb eines Fluids oder von einem Festkörper in ein Fluid findet über Konvektion statt. Bei diesem Wärmetransport geht die thermische Energie auf ein Teilchen des Fluids über. Bewegt sich das Teilchen durch das Fluid, transportiert es damit die thermische Energie mit sich.

Für die Entwärmung von LED-Systemen ist der Übergang von thermischer Energie eines Festkörpers in ein Fluid von besonderer Bedeutung, da dieser Prozess die Entwärmung über einen Kühlkörper beschreibt. Hat dieser Festkörper die Außenfläche A und die Temperatur T_W, das an den Festkörper grenzende Fluid die Temperatur T_F, kann der Übergang mithilfe einer bereits auf Newton zurückgehenden Gesetzmäßigkeit beschrieben werden [20].

$$\dot{Q} = \alpha A (T_F - T_W) \tag{2.22}$$

Der in Gleichung 2.22 verwendete Wärmeübergangskoeffizient α beschreibt die Effizienz des Wärmeübergangs und hat die Dimension $[\alpha]=Wm^{-2}K^{-1}$. Die Größe des Wärmeübergangskoeffizienten wird hauptsächlich von Stoffparametern des Fluids und der Geschwindigkeit der Fluidmoleküle beeinflusst. Da die Geschwindigkeit ein entscheidender Parameter ist, wird bei der Ursache dieser Bewegung zwischen zwei Fällen unterschieden, die die Stärke der Konvektion stark beeinflussen.

Im ersten Fall bewegen sich die Teilchen aufgrund des Dichteunterschieds, der durch die verschiedenen Temperaturen der Teilchen entsteht. Dieser Fall wird als natürliche Konvektion bezeichnet. Ein Beispiel für solche natürliche Konvektion sind Luftteilchen, die sich erwärmen und daraufhin aufsteigen.

Im zweiten Fall werden die Teilchen des Fluids durch eine äußere Kraft angetrieben, weshalb diese Art als erzwungene Konvektion bezeich-

Tabelle 2.2.: Typische Werte des Wärmeübergangskoeffizient α in Wm^{-2}K^{-1} für Gase und Flüssigkeiten in freier und erzwungener Konvektion [22].

	Gase	Flüssigkeiten
Freie Konvektion	3 ... 20	100 ... 600
Erzwungene Konvektion	10 ... 100	500 ... 10.000

net wird. Für Luft kann diese äußere Kraft beispielsweise ein Lüfter sein, der die Luft auf einen Kühlkörper bläst. Da die Luftteilchen sich bei der erzwungenen Konvektion deutlich schneller bewegen als bei der natürlichen, ist der Wärmeübergangskoeffizient der erzwungen Konvektion deutlich größer. Typische Werte des Wärmeübergangskoeffizienten sind zur Übersicht in Tabelle 2.2 aufgelistet.

Für den Wärmeübergang von einem Festkörper in ein Fluid lässt sich analog zur Wärmeleitung ebenfalls ein thermischer Widerstand definieren. Unter Benutzung von Gleichung 2.22 ergibt sich der thermische Widerstand der Konvektion zu [20].

$$R_{th} = \frac{\Delta T}{\dot{Q}} = \frac{1}{\alpha A} \qquad (2.23)$$

Mit dieser Definition kann der Wärmeübergang durch die Konvektion auch als thermischer Widerstand in die Beschreibung des thermischen Gesamtwiderstands als Widerstandsnetz der Wärmeleitung einbezogen werden. Im Gegensatz zum thermischen Widerstand von festen Materialien muss beachtet werden, dass sich der thermische Widerstand der Konvektion durch Veränderungen in der Fluidströmung immer ändern kann.

Als letzter Mechanismus des Wärmeaustauschs folgt die Wärmestrahlung, die häufig parallel zu Wärmeleitung und Konvektion betrachtet wird.

DIE WÄRMESTRAHLUNG

Jeder Körper emittiert elektromagnetische Strahlung, deren Form durch das Plancksche Strahlungsgesetz beschrieben wird. Da die Form des emittierten Spektrums für die Entwärmung von LED-Systemen keine Rolle spielt, genügt es, die Beschreibung der Wärmestrahlung auf die Beschreibung des Energieaustausches zu reduzieren. Die von einem Körper mit der Oberfläche A emittierte Energie wird durch das Stefan-Boltzmann-Gesetz beschrieben [23].

$$\dot{Q} = \sigma \epsilon A T^4 \tag{2.24}$$

Der Wärmestrom $\dot{Q}$ der Wärmestrahlung setzt sich zusammen aus der Stefan-Boltzmann-Konstante σ, die den Wert $\sigma = 5{,}67 \cdot 10^{-8}\,Wm^{-2}K^{-4}$ hat, und der Oberflächentemperatur T des emittierenden Körpers. Die Temperatur muss immer als absolute Temperatur in der Einheit Kelvin verwendet werden, da diese in der vierten Potenz im Stefan-Boltzmann-Gesetz vorkommt.

Der letzte Parameter ϵ ist der Emissionskoeffizient der Oberfläche. Dieser dimensionslose Parameter nimmt bei einem idealen schwarzen Strahler den Wert Eins ein. Bei realen Körpern dagegen handelt es sich um sogenannte graue Strahler, bei denen der Emissionskoeffizient Werte zwischen Null und Eins besitzt. Ein idealer Spiegel dagegen hat einen Emissionskoeffizienten von Null und würde gar keine Wärmestrahlung emittieren.

Der Emissionskoeffizient ist eine reine Oberflächeneigenschaft. Deshalb kann dieser beispielsweise durch ein Aufrauen oder das Überziehen mit einem schwarzen Lack gezielt verändert werden. In Tabelle 2.3 wird die Auswirkung und die daraus folgende Möglichkeit des Verstärkens oder Verringerns der Wärmestrahlung am Beispiel des Aluminiums gezeigt.

Tabelle 2.3.: Emissionskoeffizienten von Aluminium mit verschiedenen Oberflächen [23].

Stoff	Emissionskoeffizient
Lackiertes Aluminium	> 0,95
Angerautes Aluminium	0,83 - 0,94
Unbearbeitetes Aluminium	0,68
Poliertes Aluminium	0,04

Um für die Entwärmung eine energetische Bilanz aufstellen zu können, muss ebenso beachtet werden, dass ein Körper nicht nur Wärmestrahlung emittiert, sondern auch absorbiert. Das Verhältnis des Emissionskoeffizienten ϵ zu seinem Absorptionskoeffizienten α wird durch das Kirchhoffsche Gesetz beschrieben [23].

$$\epsilon(\lambda, T) = \alpha(\lambda, T) \tag{2.25}$$

Mit den Gleichungen 2.24 und 2.25 kann die Energiebilanz eines Körpers der Temperatur T_1, der gegen eine Umgebung der Temperatur T_2 strahlt, gezogen werden.

$$\dot{Q} = \sigma \epsilon A (T_1^4 - T_2^4) \tag{2.26}$$

Aus diesem Grund muss bei der Beschreibung der Wärmestrahlung immer beachtet werden, gegen welche Umgebung der Körper strahlt. Analog zur Konvektion lässt sich auch bei der Wärmestrahlung ein thermischer Widerstand definieren.

$$R_{th} = \frac{T_1 - T_2}{\dot{Q}} = \frac{1}{\alpha_s(T_1, T_2)A} \tag{2.27}$$

Der Wärmeübergangskoeffizient α_s der Wärmestrahlung ist allerdings stark temperaturabhängig, weshalb der thermische Widerstand der

Strahlung sich nicht als einfacher Summand in ein Widerstandsnetz integrieren lässt. Der Wärmeübergangskoeffizient lässt sich aus den Gleichungen 2.26 und 2.27 berechnen [20].

$$\alpha_s = \sigma \epsilon T_1^3 f(x) \tag{2.28}$$

$$mit\, f(x) = 1 + x + x^2 + x^3;\, x = \frac{T_2}{T_1}$$

In den thermischen Berechnungen in dieser Arbeit wird der Beitrag der Wärmestrahlung meistens Vernachlässigt, da deren Beitrag in den meisten Fällen der Allgemeinbeleuchtung aufgrund der geringen Kühlkörpertemperatur deutlich kleiner ist als der Beitrag der Konvektion.

Mit den Wärmetransportmechanismen kann beschrieben werden, wie sich Wärme von einem Ort zum anderen bewegen kann. Im Anschluss werden die verschiedenen Temperaturen des LED-Systems definiert, die sich aufgrund der Wärmegleichungen ergeben.

2.3.2. DEFINITION DER TEMPERATUREN

In der mikroskopischen Betrachtung beschreibt die Temperatur eines Fluides die mittlere kinetische Energie aller Teilchen in dem betrachteten Volumen, während die Temperatur eines Festkörpers durch die durchschnittliche Energie der Gitterschwingungen in dem betrachteten Volumen charakterisiert wird [24]. Dementsprechend ist die Temperatur der makroskopische Begriff für eine stochastische Beschreibung der mikroskopischen Energien innerhalb eines betrachteten Volumens. Somit muss für eine bestimmte Temperaturangabe immer eine Zuordnung zu einem definierten Volumen bekannt sein, wie beispielsweise ein Raum eine bestimmte Umgebungstemperatur hat. Diese Bezeichnung meint, dass die Luft im Raum durchschnittlich eine bestimmte Temperatur besitzt.

Allerdings muss auch klar sein, dass in vielen Fällen die mikroskopischen Energien nicht gleich verteilt sind und folglich bestimmte Objekte keine einheitliche Temperatur besitzen. So könnte beispielsweise ein betrachteter Raum am Boden eine Temperatur von 25 °C haben, während an der Decke eine Temperatur von 30 °C herrscht. Bei der Anwendung des stochastischen Temperaturbegriffs auf das Volumen dieses Raumes und einer angenommen kontinuierlichen Erhöhung der Temperatur vom Boden zu Decke, müsste die Umgebungstemperatur mit 27,5 °C angegeben werden. Wird dieser Raum zur Entwärmung eines LED-Systems verwendet, das zur Beleuchtung an der Decke angebracht ist, interessiert nicht die Temperaturverteilung im Raum sondern die in der Umgebung des Kühlkörpers. Deshalb müsste das betrachtete Volumen auf das Luftvolumen begrenzt werden, welches den Kühlkörper umschließt, was in diesem Beispiel eine Umgebungstemperatur von 30 °C ergibt. Folglich wird in dieser Arbeit immer die Terminologie verwendet, dass die Umgebungstemperatur T_u eines LED-Systems stets die auf den Kühlkörper wirkende Temperatur beschreibt.

Diese Terminologie kann auch auf Festkörper übertragen werden. So wird der Kühlkörper eines LED-Systems nur in den seltensten Fällen eine ausgeglichene Temperatur besitzen. Da aber nur der Energieaustausch mit der Luft interessiert, wird die Kühlkörpertemperatur T_k im Anschluss als die wirkende Durchschnittstemperatur des Kühlkörpers verstanden. Die Kühlkörpertemperatur wird deshalb so gewählt, dass bei dem bestehenden Wärmestrom, dem thermischen Widerstand und der Umgebungstemperatur die Widerstandsgleichung 2.23 der Konvektion erfüllt wird.

Die für die Lebensdauer wichtigste Temperatur ist die Chiptemperatur T_j. Die Chiptemperatur bezeichnet die durchschnittliche Temperatur der aktiven Zone der LED. Da die aktive Zone einer LED aufgrund ihrer Größe von wenigen Quadratmillimetern keine großen Temperaturgradienten aufweist, muss die Chiptemperatur einer LED nicht weiter unterteilt werden. Allerdings besteht ein LED-System häufig aus mehreren LEDs gleicher Bauart, deren Chiptemperaturen sich merklich unterscheiden können. Um die Chiptemperatur von Singlechip- und Multichip-Systemen einheitlich beschreiben zu können, wird in dieser Arbeit folgende Terminologie verwendet: Bei Multichip-Systemen wird der Mittelwert der einzelnen Chiptemperaturen des Systems mit T_j bezeichnet, was trivialerweise mit dem Mittelwert eines Singlechip-Systems übereinstimmt. Soll jedoch auf die Temperatur der einzelnen LEDs in einem Array eingegangen werden, werden die Temperaturen durch einen Zählindex ergänzt, so dass beispielsweise die Chiptemperatur der ersten LED in einem Array mit $T_{j,1}$ bezeichnet wird.

Ebenfalls von Bedeutung ist, wie stark die einzelnen Chiptemperaturen in einem Multichip-System vom Mittelwert der Temperaturen abweichen. Diese Temperaturdifferenz $T_{\Delta j,i}$ wird folgendermaßen definiert:

$$T_{\Delta j,i} = T_{j,i} - T_j \tag{2.29}$$

Ebenfalls extra bezeichnet wird die wärmste Chiptemperatur $T_{j,w}$ einer LED in einem Multichip-System. Diese wärmste in einem System auftretende Temperatur darf nicht mit der oft in Datenblättern angegeben maximalen Chiptemperatur $T_{j,max}$ verwechselt werden. Die maximale Chiptemperatur bezeichnet die Temperatur, bis zu der die LED vom Chiphersteller freigegeben wird.

Bei älteren LEDs ergibt sich diese maximale Temperatur aus der Glasübergangstemperatur des Kunststoffs der Primäroptik, die in der Regel aus Epoxidharz besteht. Für diese LEDs sind maximale Chiptemperaturen von ca. 110 °C erlaubt [25]. Diese maximale Temperatur lässt sich durch den Aufbau von LEDs mit temperaturbeständigeren Kunststoffen erhöhen, weshalb LEDs neuerer Bauart die Primäroptik aus Silikonen aufbauen. Mit diesen Kunststoffen werden maximale Temperaturen von 150 °C angegeben [26].

Eine häufig auf Datenblättern und in Normen verwendete Bezeichnung ist die Lötpunkttemperatur T_s. Zu dieser Temperatur T_s gehört auf dem LED-System immer ein besonders gekennzeichneter Punkt, der leicht für Kontaktmessungen zu erreichen ist. Von dem Punkt aus kennt der Hersteller des LED-Systems den thermischen Widerstand zur LED, weshalb sich aus der Lötpunkttemperatur die Chiptemperatur berechnen lässt.

Nach der Erläuterung des Temperaturbegriffs als solchem wird in den folgenden Abschnitten beschrieben, wie die Chiptemperatur T_j in einem LED-System berechnet werden kann.

2.3.3. ZEITUNABHÄNGIGE BERECHNUNG DER CHIPTEMPERATUR

Wie in Abschnitt 2.3.1 gezeigt, kann der thermische Pfad eines LED-Systems durch die Angabe des thermischen Gesamtwiderstandes R_{th} charakterisiert werden. Für ein System mit einer LED kann der thermische Pfad in der Regel als eine Serienschaltung von thermischen Widerständen angesehen werden. Um mit dem so bestimmten thermischen Gesamtwiderstand die resultierende Chiptemperatur berechnen zu können, muss der Wärmestrom bekannt sein, der durch diesen Widerstand fließt.

Der Wärmestrom wird nach Gleichung 2.16 vom Temperaturunterschied über dem LED-System hervorgerufen. Folglich erhöht sich die Chiptemperatur so lange, bis der Wärmestrom der thermischen Verlustleistung P_{th} entspricht, die in der LED abfällt. In diesem Zustand, der als thermodynamisches Gleichgewicht oder thermisch stabiler Zustand bezeichnet wird, berechnet sich die Temperaturerhöhung über dem LED-System folgendermaßen:

$$\Delta T = P_{th} R_{th} \tag{2.30}$$

Zur Beschreibung einer LED in Betrieb genügt die Angabe der Temperaturerhöhung alleine nicht, da nicht die Änderung der Temperatur, sondern die erreichte Chiptemperatur T_j gefragt ist. Die Chiptemperatur berechnet sich aus der Temperaturerhöhung ΔT und der Temperatur, an die der letzte thermische Widerstand koppelt. Da der letzte Widerstand in der Regel der Übergang der Wärme an die Umgebungsluft ist, wird diese Umgebungstemperatur T_u als Basistemperatur zur Berechnung der Chiptemperatur T_j verwendet.

$$T_j = P_{th}R_{th} + T_u \tag{2.31}$$

Die thermische Verlustleistung P_{th} der LED kann unter Berücksichtigung der Energieerhaltung aus der elektrischen Anschlussleistung der LED P_e, abzüglich der von der LED als Licht emittierten optischen Energie P_o, berechnet werden [27].

$$P_{th} = P_e - P_o \tag{2.32}$$

Häufig wird der Anteil der emittierten optischen Energie über die Effizienz η der LED beschrieben, woraus sich folgender Ausdruck für die thermischen Verlustleistung ergibt:

$$P_{th} = P_e(1 - \eta) \tag{2.33}$$

Die thermische Beschreibung des LED-Systems über den thermischen Gesamtwiderstand kann sowohl für ein System mit einem als auch mit mehreren LEDs erfolgen. Bei der Interpretation der Zahlenwerte des Gesamtwiderstandes sollten jeweils die thermischen Ersatzschaltbilder beider Fälle betrachtet werden. Im Fall einer LED besteht das Ersatzschaltbild aus einer reinen Serienschaltung, wie sie in Abbildung 2.7a zu sehen ist. Das Ersatzschaltbild eines Systems von vielen LEDs weist dagegen zunächst eine Folge von Parallelschaltungen von Widerständen auf, die den LEDs entsprechen, und einer Serienschaltung des restlichen Systems, was dem Kühlkörper entspricht. Dieses Ersatzschaltbild wird durch Abbildung 2.7b veranschaulicht.

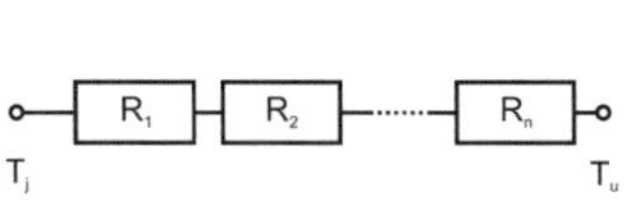

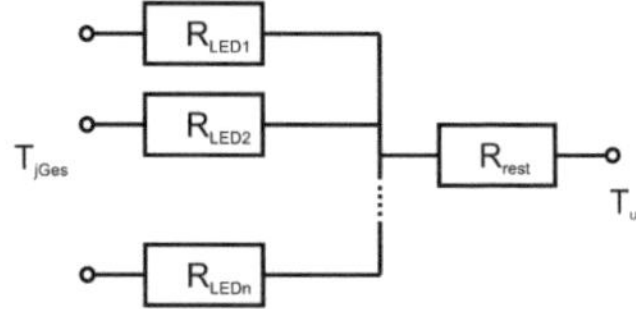

(a) Ersatzschaltbild ein LED

(b) Ersatzschaltbild mehrere LEDs

Abbildung 2.7.: Ersatzschaltbild eines LED-Systems. In a) wird nur eine LED verwendet, weshalb sich eine reine Serienschaltung ergibt. In b) dagegen sind die vielen LEDs erst parallel geschaltet und gehen dann seriell in das Gesamtsystem.

Wird aus diesen Schaltbildern mit den gleichen Widerständen ein Gesamtwiderstand berechnet, ergibt sich für das Multi-LED-System ein kleinerer Widerstand, aber bei gleichen Leistungen pro LED eine höhere Chiptemperatur. Dieser scheinbare Widerspruch kann mathematisch leicht begründet werden, da die Parallelschaltung der thermischen Widerstände der LEDs einen geringeren Gesamtwiderstand führt, in dieser Rechnung aber die Verlustleistungen der einzelnen LED aufsummiert werden müssen. Folglich darf in der Bewertung eines thermischen Systems der thermische Gesamtwiderstand nicht allein bewerte werden, sondern muss immer in Bezug zur entsprechenden thermischen Verlustleistung betrachtet werden.

Nachdem die Chiptemperatur für stabile Zustände berechnet wurde, soll anschließend beschrieben werden, wie sich die Chiptemperatur vor dem Erreichen dieses thermisch stabilen Zustands verhält.

2.3.4. ZEITABHÄNGIGE BERECHNUNG DER CHIPTEMPERATUR

Um eine Aussage machen zu können, wie und wann ein LED-System seinen thermisch stabilen Zustand erreicht, muss beachtet werden, wie viel thermische Energie ein Körper zwischenspeichern kann. Diese Eigenschaft wird in der Thermodynamik über die makroskopische Wärmekapazität C_{th} beschrieben. Diese ist das Produkt aus der Materialkonstante spezifische Wärmekapazität c_p, welche die zu speichernde Energiemenge eines Körper beschreibt, und der Masse m des Körpers [20].

$$C_{th} = c_p m \qquad (2.34)$$

Wie bei der Wärmeleitung lässt sich wieder eine Analogie zum elektrischen Strom herstellen. In diesem Fall entspricht die Wärmekapazität der elektrischen Kapazität eines Kondensators. Folglich lässt sich die Wärmekapazität über die Änderung der Temperatur und den Wärmestrom definieren [20].

$$C_{th} = \frac{\dot{Q}}{\dot{T}}; \ [C_{th}] = \frac{Ws}{K} \qquad (2.35)$$

Um die Chiptemperatur mithilfe eines Ersatzschaltbildes berechnen zu können, müssen die Wärmekapazitäten des thermischen Pfades in dieses Ersatzschaltbild integriert werden. Aus der Netzwerktheorie der Elektrodynamik bieten sich für diese Problematik mit dem Forster- und Cauer-Netz zwei mögliche Netzwerke, welche als Grundlage verwendet werden können [28].

Beim Forster-Netz koppeln die Wärmekapazitäten immer an das Potentialniveau des nächsten thermischen Widerstands an, was in Abbildung 2.8a zu sehen ist. Wie anschließend noch gezeigt wird, führt das Forster-Netz bei einem System mit n RC-Gliedern zu n Differentialgleichungen 1. Ordnung [29]. Diese sind analytisch lösbar, beschreiben aber nicht exakt den physikalischen Aufbau des LED-Systems.

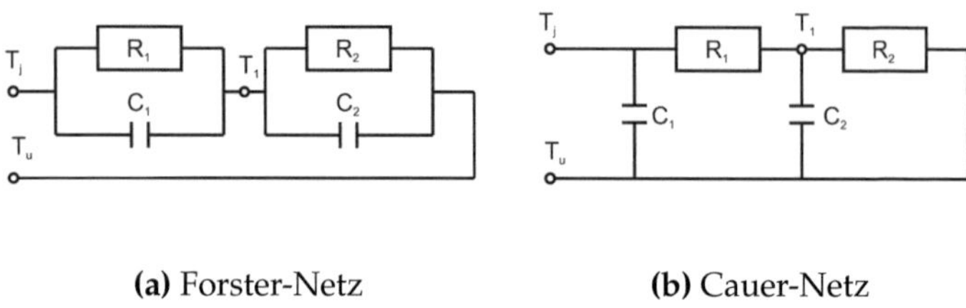

(a) Forster-Netz   (b) Cauer-Netz

Abbildung 2.8.: Übersicht der verschiedenen Ersatzschaltbilder. a) Im Forster-Netz sind die Kapazitäten immer auf dem Niveau der nächsten Stufe. b) Im Cauer-Netz koppeln die Kapazitäten auf die Umgebungstemperatur.

Das physikalisch richtige Netzwerk ist das Cauer-Netz, welches in Abbildung 2.8b gezeigt wird. In diesem Netzwerk koppeln alle Wärmekapazitäten gegen die Umgebungstemperatur. Beim Aufstellen der Differenzialgleichung des Cauer-Netzes mit n RC-Gliedern ergibt sich eine Differentialgleichung n. Ordnung, was im Allgemeinen nicht mehr analytisch lösbar ist [29].

Folglich gibt es ein Netzwerk, das mathematisch lösbar ist und ein Netzwerk, das die physikalisch richtige Lösung bietet. Um zu überprüfen, welche Form die Lösung besitzt und in welchen Fällen beide Netze näherungsweise die gleichen Lösungen ergeben, werden beide Netze für ein System mit zwei RC-Gliedern gelöst. Als Randbedingung wird das Aufladen eines Kondensators gewählt, da dieser Fall dem Analogon zum Einschalten eines LED-Systems entspricht, was in Kapitel 5 detaillierter untersucht wird.

FORSTER-NETZ 2. ORDNUNG

Zum Lösen des Forster-Netzes 2. Ordnung werden Differentialgleichungen für die Chiptemperatur T_j und für die Temperatur T_1 zwischen Widerstand 1 und 2 aufgestellt. Diese lassen sich aus den Analoga der Maschen- und Knotenregel aus der Elektrotechnik aufstellen und haben folgendes Aussehen [20]:

$$\Delta T_1(t) = P_{th}R_2 - C_2 R_2 \Delta \dot{T}_1(t) \tag{2.36}$$

$$\Delta T_j(t) = P_{th}R_1 - C_1 R_1 \Delta \dot{T}_j(t) + \Delta T_1(t)$$

Diese zwei Differentialgleichungen 1. Ordnung lassen sich durch Exponentialfunktionen mit den freien Parametern einer Amplitude und einer Zeitkonstante lösen. Die Randbedingungen des eingeschalteten Systems sind t=0, ΔT_i=0 und P_{th}=const, woraus sich folgendes Verhalten für den Anstieg der Chiptemperaturen T_j ergibt:

$$\Delta T_1(t) = P_{th}R_2 \left(1 - e^{-\frac{t}{\tau_2}}\right) \tag{2.37}$$

$$\Delta T_j(t) = P_{th} \sum_{i=1}^{2} R_i \left(1 - e^{-\frac{t}{\tau_i}}\right) \tag{2.38}$$

Diese Lösung für die Chiptemperatur des Forster-Netzes ließe sich auch auf ein Netz n. Ordnung übertragen.

$$\Delta T_j(t) = P_{th} \sum_{i=1}^{n} R_i \left(1 - e^{-\frac{t}{\tau_i}}\right) \tag{2.39}$$

Die freien Konstanten R_i und τ_i der Lösung des Forster-Netzes haben im Ersatzschaltbild ihre direkte Entsprechung. R_i sind die thermischen Widerstände und die Zeitkonstanten τ_i berechnen sich aus dem Produkt von Widerstand und Kapazität.

$$\tau_i = C_i R_i \tag{2.40}$$

Somit sind über die Kenntnis von R_i und τ_i auch die Wärmekapazitäten C_i bekannt. Damit können die freien Parameter der Forster-Lösung direkt einem Bauteil zugeordnet werden, das im Ersatzschaltbild durch die Widerstände und Kapazitäten vertreten wird. Zum Vergleich wird im Anschluss das Cauer-Netz 2. Ordnung gelöst.

CAUER-NETZ 2. ORDNUNG

Wie beim Forster-Netz lassen sich die Differentialgleichungen des Cauer-Netzes über die Maschen- und Knotenregel aufstellen. Für die Temperaturen T_j und T_1 ergeben sich folgende Differentialgleichungen [20]:

$$\Delta T_1 \quad (t) = \quad P_{th}R_2 - (\tau_1 + \tau_2 + \tau_{12})\Delta \dot{T}_1(t) - \tau_1\tau_2\Delta \ddot{T}_1(t) \quad (2.41)$$

$$\Delta T_j \quad (t) = \quad P_{R1}R_1 + \Delta T_1(t)$$

Zur besseren Übersichtlichkeit werden die Produkte aus Wärmekapazität und thermischem Widerstand durch verschiedene Zeitkonstanten substituiert.

$$\tau_1 \quad = \quad C_1 R_1 \tag{2.42}$$

$$\tau_2 \quad = \quad C_2 R_2 \tag{2.43}$$

$$\tau_{12} \quad = \quad C_1 R_2 \tag{2.44}$$

Die Lösung dieser Differentialgleichung 2. Ordnung unter den Randbedingungen des gerade eingeschalteten Systems t=0, ΔT_i=0 und P_{th}=const ergibt folgende Lösung für die Chiptemperatur T_j:

$$\Delta T_j(t) = P_{th}\left[R_1^*\left(1 - e^{-\omega_1 t}\right) + R_2^*\left(1 - e^{-\omega_2 t}\right)\right] \tag{2.45}$$

Die freien Parameter dieser Lösung sind die inverse Zeitkonstante ω_i und die wirkenden Widerstände R_i^*. Die inversen Zeitkonstanten hängen folgendermaßen von den Zeitkonstanten des Ersatzschaltbildes ab:

$$\omega_{1,2} = \frac{(\tau_1 + \tau_2 + \tau_{12})}{\tau_1 \tau_2} \left[\frac{1}{2} \pm \frac{1}{2} \sqrt{1 - \frac{4\tau_1 \tau_2}{(\tau_1 + \tau_2 + \tau_{12})^2}} \right] \tag{2.46}$$

Die wirkenden Widerstände sind von diesen inversen Zeitkonstanten, den Widerständen und den Zeitkonstanten abhängig.

$$R_1^* = \frac{\omega_2}{\omega_1 - \omega_2} [R_1 \tau_2 \omega_1 - R_1 - R_2] \tag{2.47}$$

$$R_2^* = \frac{\omega_1}{\omega_1 - \omega_2} [R_1 + R_2 - R_1 \tau_2 \omega_2] \tag{2.48}$$

Somit ergibt die Lösung des Cauer-Netzes eine Summe von Exponentialfunktionen, bei denen die freien Parameter der Lösung jeweils von Eingangsparametern R_i und C_i abhängig sind. Deshalb können diese keinem Bauteil direkt zugeordnet werden.

VERGLEICH FORSTER- UND CAUER-LÖSUNG

Die Lösungen des Forster- und Cauer-Netzes gleichen sich durch viele Eigenschaften. So lassen sie sich beide durch die gleiche Summe von Exponentialfunktionen lösen, die sich jeweils nur durch ihre freien Parameter unterscheiden. Für diese freien Parameter lassen sich eine weitere Reihe von Eigenschaften formulieren, die zum Vergleich der beiden Lösungen verwendet werden können.

Die erste Eigenschaft ist die äußere Äquivalenz der Forster- und Cauer-Lösung. Äußere Äquivalenz bedeutet, dass beide Lösungen für zeitunabhängige Probleme die gleiche Lösung ergeben, weshalb sich aus beiden Lösungen Gleichung 2.31 als Sonderfall großer Zeiten herleiten lassen muss. Diese Forderung ergibt folgende mathematische Formulierung:

$$\lim_{t \to \infty} \Delta T_j(t) = P_{th}(R_1 + R_2) \tag{2.49}$$

Durch Einsetzen und Ausrechnen kann gezeigt werden, dass sowohl die Forster- als auch die Cauer-Lösung Gleichung 2.49 erfüllen. Dies wird auch in Anhang A gezeigt.

In Anhang A wird ebenfalls hergeleitet, dass in der zeitabhängigen Beschreibung beide Lösungen ineinander übergehen, wenn die erste Kapazität C_1 klein gegenüber der Kapazität C_2 ist.

$$\omega_i \approx \frac{1}{\tau_i} \tag{2.50}$$

$$R_i^* \approx R_i \tag{2.51}$$

Unter dieser Voraussetzung sind Forster- und Cauer-Lösung gleich, woraus folgt, dass die Forster-Lösung ein physikalisch richtiges Ergebnis liefert.

Ein solches System mit der großen Kapazität C_2 ist für LED-Systeme kein rein akademisches Beispiel. Da die Wärmekapazität des Kühlkörpers in der Regel den mit Abstand größten Wert annimmt, erfüllen die meisten Systeme diese Bedingung. Deshalb kann, wenn die Beschreibung des LED-Systems in der Zeitregion des Kühlkörpers erfolgt, auf die Lösung des Forster-Netzes zurückgegriffen werden.

Im Bild des Forster-Netzes sind die Zeitkonstanten der Bauteile von dem Kühlkörper so kurz, dass der Kühlkörper sich äquivalent zu einem Kühlkörper beschreiben lässt, auf dem direkt die Wärmequelle sitzt. Folglich können die Wärmekapazitäten und thermischen Widerstände auch in der zeitabhängigen Beschreibung wieder direkt den Bauteilen zugeordnet werden.

In diesem Kapitel wurden die Grundlagen zur Lebensdauer im Allgemeinen und der LED im Speziellen erläutert, gefolgt von dem Langzeit- und Temperatureinfluss der LED. Abschließend wird die Thermodynamik von LEDs in zeitunabhängiger und zeitabhängiger Form erläutert. Das folgende Kapitel widmet sich den messtechnischen Grundlagen, mit denen die Temperatur und das emittierte Licht eines LED-Systems bestimmt werden.

45

KAPITEL 3

GRUNDLAGEN DER MESSVERFAHREN

In diesem Kapitel werden die Grundlagen zur Messung der wichtigen Größen Temperatur und Licht erläutert. Im ersten Teil werden die thermischen Messverfahren beschrieben, die zur Bestimmung von jeweils unterschiedlichen Temperaturen im LED-System verwendet werden. Das Verfahren zur Bestimmung der Chiptemperatur wird zusätzlich um die Berechnung des thermischen Widerstands erweitert. Im zweiten Teil werden die optischen Messverfahren behandelt. Die optische Messung wird anhand der Lichtstrombestimmung erläutert, die in eine auflösende und eine integrale Methode eingeteilt wird. Beide Verfahren der Lichtstrombestimmung können mit verschiedenen Empfängern kombiniert werden, die sich wiederum in einen auflösend und einen integral messenden Empfänger einteilen lassen.

3.1. MESSVERFAHREN ZUR BESTIMMUNG DER TEMPERATUR

Die Analyse der Lebensdauer von LEDs im System wird auf die Bestimmung von Temperatur bei konstanten Umgebungsbedingungen gestützt, wie in Kapitel 4 genauer erläutert wird. Da in einem LED-System verschiedene Arten von Temperaturen bestimmt werden müssen, werden unterschiedliche Messmethoden mit ihren Stärken und

Schwächen vorgestellt. Dabei wird mit der klassischen Kontaktmessung begonnen, die eine punktuelle Temperaturinformation an der Messstelle erlaubt. Diese Messung wird zur Systemüberwachung und zur Messung eines Bezugspunktes verwendet. Danach wird mithilfe des bildgebenden Messverfahrens der Pyrometrie gezeigt, wie sich die Temperaturverteilung eines LED-Systems bestimmen lässt. Abschließend wird eine indirekte Methode der Bestimmung der Chiptemperatur vorgestellt, die die Temperaturabhängigkeit der Vorwärtsspannung der LED ausnutzt. Diese Messmethode wird am ausführlichsten beschrieben, da die Chiptemperatur der wichtigste Parameter in der Lebensdauerbestimmung der LED ist.

3.1.1. DIE KONTAKTMESSUNG

Die klassische Art der Temperaturmessung ist die Kontaktmessung. Diese beruht auf dem dem 2. Hauptsatz der Thermodynamik zugrundeliegenden Prinzip, dass sich bei zwei Objekten, die in Kontakt gebracht werden, an der Kontaktfläche die gleiche Temperatur einstellt [24]. In der messtechnischen Ausführung ist das erste Objekt der zu messende Gegenstand und das zweite Objekt der Messfühler. Die Messfühler bestanden in den im Rahmen dieser Arbeit durchgeführten Messungen aus Thermoelementen[1]. Sie bestehen aus zwei Metallen mit unterschiedlichen Seebeckkoeffizienten, deren Differenz den Wert S einnimmt. Der erst Kontaktpunkt der beiden Metalle befindet sich im

---

[1]Die Stärken und Schwächen der Kontaktmessung gelten sowohl für die Messung mit Thermoelementen als auch mit Widerstandsthermometern, weshalb ein Austausch der Thermoelemente durch PTC- oder NTC-Widerstände zu keinem Unterschied in der Anwendbarkeit der Kontaktmessung führt.

Messfühler und der zweite im Messgerät, wodurch sich die folgende Seebeckspannung ausbildet:

$$U_s = S\left(T_F - T_M\right) \tag{3.1}$$

In diesem Fall ist T_F die Temperatur im Messfühler und T_M die Temperatur im Messgerät. Aus dieser Seebeckspannung entsteht über einem Messgerät der temperaturabhängige Seebeckstrom, aus dem auf die Temperatur im Messfühler geschlossen werden kann [30].

Mit dieser Methode kann die Temperatur im Messfühler mit einer hohen Genauigkeit von unter dT<0,1 K bestimmt werden [31]. Ebenso gibt es für die zeitliche Auflösung der Messung des Thermostroms technisch nur die Größe des anfallenden Datenvolumens als Begrenzung. Somit kann die Temperatur im Messfühler ausreichend gut gemessen werden.

Die Probleme der Kontaktmessung liegen demnach nicht in der Temperaturbestimmung im Messfühler, sondern in der Schwierigkeit, die gefragte Temperatur im Messfühler zu erzeugen. Diese Probleme lassen sich in zwei Bereiche einteilen. Zunächst bilden sich bei der Verbindung von zwei Materialien immer thermische Übergangswiderstände. Die aus diesen Übergangswiderständen resultierende Temperaturdifferenz ergibt den ersten Messfehler, der zusätzlich schwer zu quantifizieren ist.

Weiterhin verändert das Anbringen eines Messfühlers den thermischen Pfad und somit die Temperatur des zu messenden Objekts. Um die Größenordnung dieser Störung abzuschätzen, muss der thermische Pfad des zu messenden Objektes mit und ohne Messfühler betrachtet werden. Eine erste Abschätzung kann hierbei durch den Vergleich der Größe von Messobjekt und Messfühler erfolgen. Ist der Messfühler gegenüber dem Objekt klein, wie es beispielsweise bei einem Messfühler an einem Kühlkörper der Fall ist, macht sich die Veränderung in der Regel kaum bemerkbar. Soll jedoch die Oberflächentemperatur einer LED gemessen werden, die eine Größe von wenigen Quadratmillimetern besitzt, kann sich durch Anbringen eines Messfühlers die Temperatur signifikant verändern.

Eine weitere Problematik ist, dass die Chipoberfläche in der Regel von einer Optik bedeckt wird. Daraus folgt die Notwendigkeit, die LED zum Anbringen des Messfühlers baulich zu verändern. Diese bauliche Änderung hat einen Einfluss auf die Effizienz der LEDs, weshalb sich das Resultat einer solchen Messung schwer interpretieren lässt.

Aus diesen Gründen wird die Kontaktmessung nicht zur Messung der Chiptemperatur, sondern zur Überprüfung einer Temperatur am Kühlkörper[2] des LED-Systems und zur Bestimmung der Umgebungstemperatur in der Nähe der LED eingesetzt. Hierbei lassen die Temperaturen am Kühlkörper eines LED-Systems im thermisch stabilen Zustand mithilfe von Gleichung 2.31 einen indirekten Rückschluss auf die Chiptemperatur zu.

3.1.2. MESSUNGEN DER OBERFLÄCHENTEMPERATURVERTEILUNG

Die Pyrometrie oder Infrarot-Messung vereint die Vorteile sowohl einer kontaktlosen Messung als auch durch das bildgebende Verfahren einer allumfassenden Messung der Oberflächentemperatur. Diese Messmethode wird im folgenden Abschnitt vorgestellt. Ebenfalls wird gezeigt, warum sich Temperaturverteilungen gut auflösen lassen, absolute Chiptemperaturen aber kaum messbar sind.

---

[2]Da die Temperatur des Kühlkörpers nicht einheitlich ist (siehe Abschnitt 2.3.2), wird in diesem Zusammenhang von einer Kühlkörpertemperatur und nicht von T_k gesprochen. Die Chiptemperatur hängt im thermisch stabilen Zustand linear von dieser Temperatur ab, da es zwischen diesem Punkt und der LED einen konstanten aber unbekannten thermischen Widerstand gibt.

MESSPRINZIP PYROMETRIE

In Kapitel 2 wird beschrieben, dass jeder Gegenstand Energie in Form von elektromagnetischer Strahlung emittiert. Wie in Gleichung 2.24 gezeigt wird, hängt die Energie dieser Strahlung von der Oberflächentemperatur ab, von der diese Strahlung ausgeht. Somit können aus der Messung dieser Strahlung Rückschlüsse auf die Oberflächentemperatur gezogen werden. Wenn in einer Messung die Strahlung zusätzlich ortsaufgelöst erfasst werden kann, lässt sich parallel die Temperaturverteilung der gesamten betrachteten Oberfläche messen. Zur Realisierung dieser Messung werden Kamerasysteme verwendet. Diese unterscheiden sich nach Art der Detektoren in der Kamera und nach dem Wellenlängenintervall, das sie zur Messung detektieren.

Die Detektoren können als Bolometer oder Photometer ausgelegt sein. Die bolometrischen Kameras messen in der Regel in einem Spektralbereich von 8 µm bis 14 µm und können mit Zeitauflösungen bis zu 50 Hz realisiert werden. Photometrische Kameras haben eine breitere Auswahl an Spektralbereichen, die über Filter beispielsweise von 2 µm bis 5 µm oder von 8 µm bis 12 µm eingestellt werden. Die Spektralbereiche werden an die Bereiche eines hohen Transmissionsgrades von Luft angepasst, welche in Abbildung 3.1 zu sehen sind [32]. Die Zeitauflösung von photometrischen Kameras kann bis zu 1 kHz betragen.

Da diese Kameras die Spektren im Infraroten messen, werden sie IR-Kameras genannt. Ihre Temperaturmessung birgt jedoch einige Probleme. So hängt die emittierte Strahlung neben der Temperatur auch vom Emissionskoeffizienten ϵ der Oberfläche des zu vermessenden Gegenstands ab. Dieser Emissionskoeffizient ist ein Materialparameter, der zusätzlich vom Winkel der Oberfläche zur Kamera abhängt [33]. Dass die verschiedenen Emissionskoeffizienten den Eindruck unterschiedlicher Temperaturen im LED-System vermitteln, kann mit Abbil-

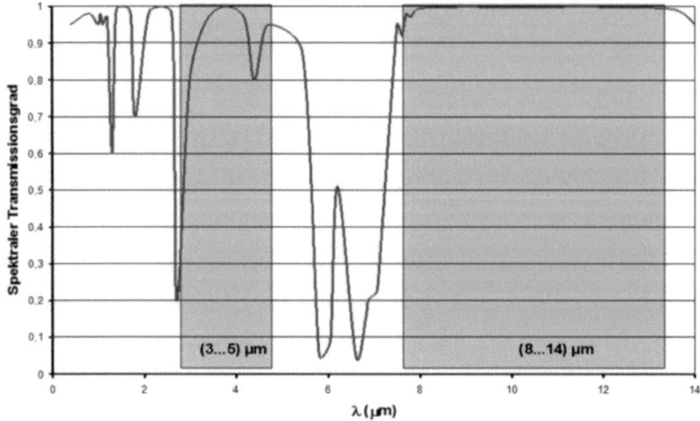

Abbildung 3.1.: Der spektrale Transmissionsgrad von Luft bei 25 °C [32].

dung 3.2a veranschaulicht werden. Dieses Bild zeigt eine IR-Messung, in der das ganze Objekt Raumtemperatur besitzt. Das IR-Bild vermittelt jedoch den Eindruck, dass das Objekt deutlich unterschiedliche Temperaturen besitzt.

Die Abbildung 3.2b zeigt dagegen die Messung eines LED-Systems im Betrieb. In diesem Bild sind deutliche Hotspots bei den LEDs zu sehen. In dieser Messung kann die Chiptemperatur im Betrieb selbst mit bekannten Emissionskoeffizienten nur mit großen Unsicherheiten bestimmt werden, was im Folgenden erläutert wird.

EMISSION, REFLEXION UND TRANSMISSION

Die im Detektor ankommende Strahlung hat drei Anteile: Den emittierten Φ_ϵ, den reflektierten Φ_ρ und den transmittierten Anteil Φ_τ. Diese

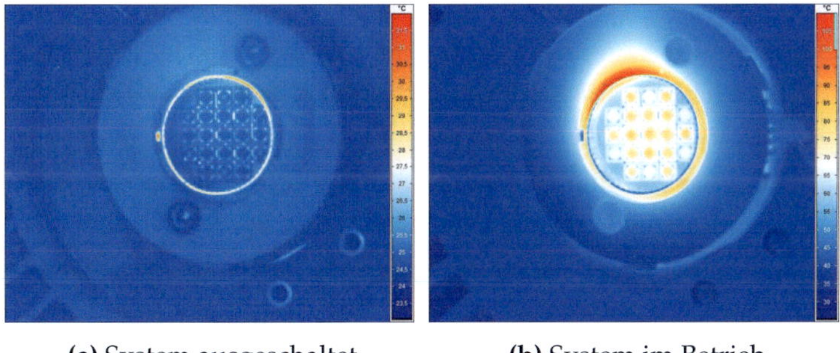

(a) System ausgeschaltet   (b) System im Betrieb

Abbildung 3.2.: Ein LED-Multichip-System gemessen a) im ausgeschalteten Zustand und b) im Betrieb.

summieren sich folgendermaßen zur gemessenen Strahlungsintensität Φ_o auf:

$$\Phi_o = \Phi_\epsilon + \Phi_\rho + \Phi_\tau \tag{3.2}$$

Die Emission ist nach Gleichung 2.25 gleich der Absorption eines Strahles, weshalb für die jeweiligen Koeffizienten der Emission, Reflexion und Transmission folgende Energieerhaltungsgleichung aufgestellt werden kann:

$$1 = \epsilon + \rho + \tau \tag{3.3}$$

Für opake Bauteile kann der Transmissionskoeffizient gleich Null gesetzt werden, weshalb der Reflexionskoeffizient aus dem Koeffizienten der Emission folgt. Somit kann unter Kenntnis der Umgebungstemperatur T_u die Objekttemperatur T_o aus der gemessenen Strahlung berechnet werden [32].

$$T_o = \Phi^{-1}\left(\frac{\Phi_o - (1-\epsilon)\Phi(T_u)}{\epsilon}\right) \tag{3.4}$$

In dieser Gleichung ist Φ der Schwarze Strahler, wie er in Gleichung 2.24 definiert wird. Diese Lösung kann bei üblichen LED-Systemen nicht zur Vermessung der Chiptemperatur T_j von LEDs verwendet werden. Das liegt daran, dass in der Regel LEDs mit einer Optik überzogen sind. Diese Optik kann für die Messung auch nicht entfernt werden, da sie erstens die Auskoppeleffizienz einer LED aufgrund des Absenkens des Grenzwinkels der Totalreflexion beeinflusst und zweitens bei weißen LEDs häufig ein Phosphor in der Optik eingebaut ist, was über die Konversionsverluste ebenfalls einen Einfluss auf die Effizienz der LED hat. Somit kann über der Optik einer LED nur eine Mischtemperatur T_m zwischen Chip und Optik gemessen werden, die mit einem effektiven Emissionskoeffizienten ϵ' als Summe von Emissions- und Transmissionskoeffizient emittiert.

Da aber die Chiptemperatur und die Temperatur der Optik sich nach Gleichung 2.30 bei gleicher Verlustleistung immer um einen konstanten Wert unterscheiden, erhöht sich die Mischtemperatur um den Wert ΔT, wenn sich T_j um den Wert ΔT erhöht hat. Somit kann aus der Änderung der Mischtemperatur im thermisch stabilen Zustand auch auf die Änderung der Chiptemperatur geschlossen werden.

$$\Delta T_m = \Delta T_j \tag{3.5}$$

Wird die Annahme getroffen, dass bei baugleichen LEDs der thermische Widerstand zwischen LED und Optik gleich ist, kann aus Gleichung 3.5 folgendes geschlossen werden: Die Temperaturdifferenz der einzelnen gemessenen Mischtemperaturen entspricht der Temperaturdifferenz der einzelnen LEDs im System. Somit muss nur noch die Temperatur einer LED bzw. die durchschnittliche Temperatur aller LEDs bekannt sein, um die Temperatur jeder einzelnen LED zu kennen. Ein solches Verfahren, dass die thermische Änderung der Vorwärtsspannung ausnutzt, wird im Anschluss beschrieben.

3.1.3. MESSUNG DER CHIPTEMPERATUR

Die Vorwärtsspannung einer LED hängt von gewissen Material- und Naturkonstanten, vom Betriebsstrom und von der Chiptemperatur ab, wie in Gleichung 2.15 gezeigt wird. Dementsprechend kann, wenn eine LED mit konstantem Strom betrieben wird, aus der Messung der Änderung der Vorwärtsspannung auf Änderung der Chiptemperatur geschlossen werden. Eine auf diesem Zusammenhang aufbauende Temperaturmessung kann folglich direkt die Chiptemperatur messen, da kein thermischer Übergang in einen Kontaktfühler entsteht. Ebenso verändert die zur Spannungsmessung notwendige elektrische Verbindung zur LED den thermischen Pfad nicht, da die Verbindung bereits zum Betreiben der LED vorhanden sein muss. Zur Anwendung dieses Messprinzips wird ein kommerzielles Messsystem mit dem Namen T3Ster der Firma Mentor Graphics verwendet [34].

Mit der Spannungsmessung einer LED kann nur die Änderung der Chiptemperatur bestimmt werden, da eine absolute Kalibrierung sehr aufwendig ist. Deshalb wird eine Anordnung zwischen zwei thermischen Zuständen realisiert, zwischen denen sich die Chiptemperatur in der Messung ändert.

ERZEUGEN DER TEMPERATURDIFFERENZ

Die Chiptemperatur soll sich in der Messung zwischen zwei thermisch stabilen Zuständen ändern. Um eine Temperaturänderung zu erzeugen, wird die LED selber als Heizung des Systems verwendet. Deshalb wird die LED, bevor die Aufnahme der Messwerte beginnt, mit einem konstanten Eingangsstrom I_1 solange betrieben, bis die LED sich im thermisch stabilen Zustand T_{J1} befindet. Die abfallende thermische

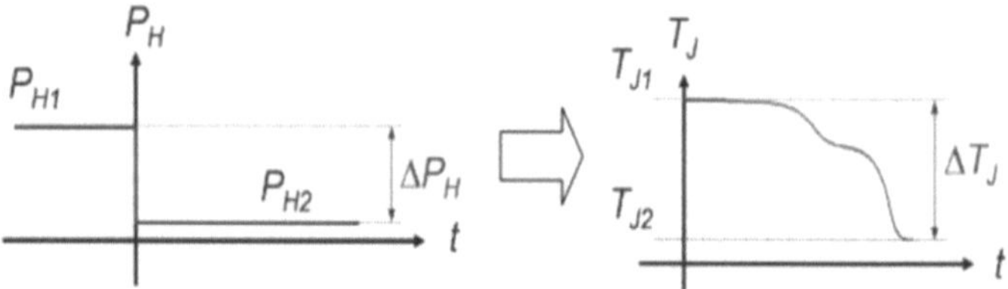

Abbildung 3.3.: Die LED wird mit einer konstanten Heizleistung P_{H1} betrieben, bis sie den thermisch stabilen Zustand T_{J1} erreicht hat. Nach dem Umschalten auf eine neue konstante Leistung P_{H2} strebt die LED dem thermisch stabilen Zustand T_{J2} entgegen. Dieses Verhalten kann über die Messung der Vorwärtsspannung aufgezeichnet werden [35].

Verlustleistung, die dabei die Erwärmung der LED bedingt, wird mit P_{H1} bezeichnet.

Nachdem das LED-System den stabilen Zustand erreicht hat, kann die eigentliche Messung beginnen. Es wird auf den Strom I_2 umgeschaltet, der eine neue Heizleistung P_{H2} hervorruft. Dieses Umschalten triggert gleichzeitig den Start der Messung der Spannung $U_2(t)$ der LED mit einer Zeitauflösung von einer Mikrosekunde. Die Spannung kann in dieser Anordnung erst nach dem Umschalten auf I_2 gemessen werden, da die thermische Änderung der Spannung bei einem konstanten Strom gemessen werden soll.

Die Chiptemperatur wird aufgrund der veränderten Verlustleistung auf den neuen thermisch stabilen Zustand T_{J2} zustreben. Das Ergebnis der Messung ist schließlich die zeitliche Abhängigkeit der Änderung der Chiptemperatur zwischen den stabilen Temperaturen T_{J1} und T_{J2}. Das Aussehen dieser thermischen Transienten wird in Abschnitt 2.3.4 mithilfe der Netzwerktheorie genauer erläutert und ist schematisch in Abbildung 3.3 zu sehen. Ein weiteres Ergebnis ist zunächst die

Spannungsdifferenz ΔU_{12} zwischen den stabilen Temperaturen T_{J1} und T_{J2}.

$$\Delta U_{12} = U\left(T_{J1}\right) - U\left(T_{J2}\right) \tag{3.6}$$

Um aus der vermessenen Spannung eine Aussage über die Temperaturänderung machen zu können, muss einer bestimmten Spannungsänderung eine Temperaturänderung zugeordnet werden. Dafür ist eine Kalibrierungsmessung notwendig, die im Folgenden beschrieben wird.

KALIBRIERUNG

Die Temperaturkalibrierung der Vorwärtsspannung muss beim Messstrom erfolgen, da sich die Ergebnisse der Kalibrierung bei unterschiedlichen Strömen ändern. Somit wird die LED zur Durchführung der Kalibrierung mit dem konstanten Strom I_2 betrieben und nach der thermischen Stabilisierung die Vorwärtsspannung gemessen. Anschließend wird sukzessive die Chiptemperatur verändert und die daraus folgende Spannungsänderung gemessen.

Um die Chiptemperatur definiert verändern zu können, wird das in Gleichung 2.31 beschriebene Verhalten ausgenutzt, dass die Chiptemperatur sich bei konstanter Verlustleitung linear mit der Umgebungstemperatur ändert. So kann zur Kalibrierung jeweils schrittweise die Umgebungstemperatur verändert und nach dem Abwarten der jeweiligen thermischen Stabilisierung die temperaturabhängige Spannung gemessen werden. Da nach Gleichung 2.15 ein linearer Zusammenhang zwischen Spannungs- und Temperaturänderung erwartet wird, werden die Messdaten an folgende Geradengleichung als Kalibriergleichung angepasst.

$$U(T) = mT + U_0 \tag{3.7}$$

In Gleichung 3.7 ist der zu bestimmende Parameter m die Geradensteigung und wird im Folgenden als Sensitivität bezeichnet. Diese hat die Einheit $[m]=\frac{V}{K}$ und gilt immer nur für eine bestimmte LED[3], da die Sensitivität neben dem Betriebsstrom auch von Materialparametern abhängt. Damit kann aus den Gleichungen 3.6 und 3.7 direkt die Temperaturänderung in der Messung berechnet werden.

$$\Delta T_{12} = m^{-1}\Delta U_{12} \tag{3.8}$$

Der Parameter U_0 in Gleichung 3.7 dient nur der numerischen Beschreibung und wird nicht weiter interpretiert, da sich der Wert für jede LED ändert. Es hat auch keinen Einfluss auf die Kalibrierung, die Spannung in Abhängigkeit der Umgebungstemperatur und nicht in Abhängigkeit der unbekannten Chiptemperatur zu bestimmen. Eine Zuordnung der Spannungsmessung zur Chiptemperatur würde die Ergebnisse nur um einen konstanten Wert verschieben, während die Steigung sich nicht ändert. Dieser Sachverhalt ist zur Veranschaulichung in Abbildung 3.4 aufgetragen, in dem ein Temperaturunterschied zwischen Chip- und Umgebungstemperatur von $\Delta T=20\,°C$ angenommen wird.

In der praktischen Durchführung der Kalibrierung kann das Variieren der Umgebungstemperatur auf zwei Arten realisiert werden. Im ersten Fall wird direkt die Umgebungstemperatur gesteuert, was durch den Betrieb des LED-Systems in einer Klimakammer umgesetzt wird.

Ein zweite Möglichkeit besteht darin, die LED auf einem Thermostat anzubringen. In diesem Thermostat wird eine Kühlfläche mithilfe eines Peltierelements auf einer konstanten, regelbaren Temperatur gehalten. Da die Entwärmung der LED vollständig über diese Kühlfläche erfolgt, kann im thermischen Ersatzschaltbild die Kühlflächentemperatur als Umgebungstemperatur angesehen werden. Da das Anbringen

---

[3]Bei der Bestimmung der Sensitivität von zwei LEDs gleichen Typs wurden Abweichungen von bis zu 15 % gemessen.

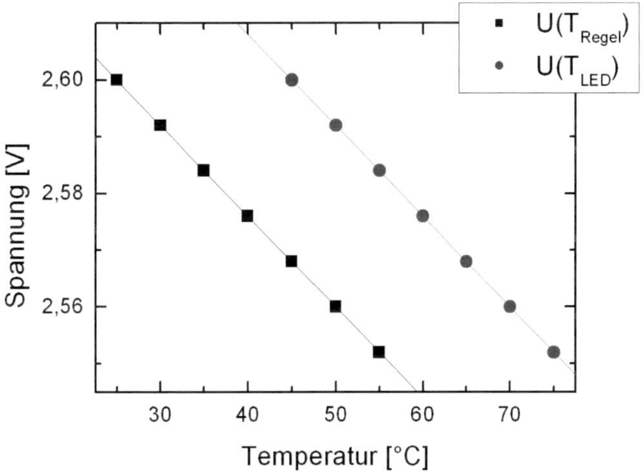

Abbildung 3.4.: Veranschaulichung der Spannungsabhängigkeit einer LED in Abhängigkeit von der Sensortemperatur (schwarz) und der berechneten Chiptemperatur (rot). Zur Berechnung ist ein ΔT zwischen Chip- und Umgebungstemperatur von 20 °C angenommen.

der LED an der Kühlfläche in der Regel ein Extrahieren der LED aus dem System erfordert, sollte in diesem Fall die Kalibrierung erst nach der eigentlichen Messung erfolgen, da sich der thermische Pfad danach nur schwer wieder herstellen lässt.

MESSTECHNISCHE ERLÄUTERUNGEN

In der messtechnischen Umsetzung sind noch ein paar Feinheiten zu beachten, die im Folgenden erläutert werden. In Abbildung 3.3 wird dargestellt, dass das Leistungsniveau P_{H1} zum Stabilisieren der LED höher ist, als die Leistung P_{H2} während der Messung. Folglich wird das

Abkühl- und nicht das Aufwärmverhalten des LED-Systems gemessen. Dieser Unterschied führt theoretisch zum gleichen Messergebnis, da das Abkühlen und das Aufwärmen mathematisch den gleichen Zeitkonstanten folgen und somit die Verfahren aus Abschnitt 2.3.4 zum gleichen Ergebnis mit umgekehrtem Vorzeichen führen. Messtechnisch gibt es jedoch zwei Vorteile, die für das Messen der Abkühlkurve sprechen.

Ersstens ist die Kalibrierung der Spannungsmessung weniger fehleranfällig, wenn sie bei niedrigeren Strömen durchgeführt werden kann, da aus diesen niedrigeren Strömen eine niedrigere Temperaturdifferenz im Bauteil folgt. Somit bedingt ein nicht vollständig eingestelltes thermisches Gleichgewicht bei den Temperaturniveaus der Kalibrierung einen geringeren Fehler in der Chiptemperatur und damit der Spannungszuordnung. Da die Kalibrierung auf dem Messstrom I_2 durchgeführt wird, sollte dieser möglichst klein sein.

Der zweite Grund für die Messung in der Abkühlphase liegt in der Stabilität des Leistungsniveaus P_{H2}, das in der Messung die Chiptemperatur auf den neuen stabilen Zustand treibt. Dieses Leistungsniveau hängt vom Produkt des Stromes I_2 und der Spannung U_2 ab und sollte idealerweise stabil sein. Da sich die Spannung jedoch aufgrund der Temperaturveränderung leicht ändert, was die Voraussetzung der Messung ist, ergibt sich daraus eine Veränderung des Leistungsniveaus P_{H2}. Um den Einfluss dieser Änderung der Heizleistung P_{H2} auf die Messung bewerten zu können, muss dieser im Bezug zum Sprung der Heizleistungen ΔP_{H12} gesehen werden, da diese Leistungsdifferenz zwischen den stabilen Niveaus die treibende Kraft der Temperatur ist. Dieser Leistungssprung berechnet sich folgendermaßen:

$$\Delta P_{H12} = P_{H1} - P_{H2} \tag{3.9}$$

Da die Messung im thermisch stabilen Bereich mit der Temperatur T_{J1} gestartet wird, ist das Leistungsniveau P_{H1} zu Beginn der Messung konstant. Somit kann dieses Niveau nach Gleichung 2.33 mithilfe der elektrischen Leistung P_{e1} sowie der Effizienz η^4 folgendermaßen berechnet werden:

$$P_{H1} = P_{e1}(T_{J1})(1 - \eta_{T_{J1}}) = I_1 U_1(T_{J1})(1 - \eta_{T_{J1}}) \qquad (3.10)$$

Das Leistungsniveau P_{H2} berechnet sich analog, wobei sich die Temperatur während der Messung von T_{J1} zu T_{J2} ändert. Dementsprechend wird die Änderung dieses zweiten Leistungsniveaus ΔP_{H2} durch folgenden Ausdruck bestimmt:

$$\begin{aligned} \Delta P_{H2} &= P_{H2}(T_{J1}) - P_{H2}(T_{J2}) \qquad\qquad\qquad (3.11) \\ &= I_2 \left[U_2(T_{J1})(1 - \eta_{T_{J1}}) - U_2(T_{J2})(1 - \eta_{T_{J2}}) \right] \end{aligned}$$

Ein Maß für den begangenen Messfehler kann über den Quotienten zwischen der Änderung des zweiten Leitungsniveaus ΔP_{H2} und der Differenz der Heizleistung ΔP_{H12} bezogen auf die Temperatur T_{J1} gebildet werden. Um den Einfluss des verschobenen 2. Leistungsniveaus abschätzen zu können, wird die Änderung der Effizienz der LED von T_{J1} nach T_{J2} sowie der Einfluss von ΔP_{H2} auf ΔP_{H12} direkt vernachlässigt, was zu folgendem Ausdruck führt:

$$\frac{\Delta P_{H2}}{\Delta P_{H12}} = \frac{P_{e2}(T_{J1}) - P_{e2}(T_{J2})}{P_{e1}(T_{J1}) - P_{e2}(T_{J1})} = \frac{I_2 m(T_{J1} - T_{J2})}{I_1 U_1(T_{J1}) - I_2 U_2(T_{J1})} \qquad (3.12)$$

Aus Gleichung 3.12 wird deutlich, dass ein kleinerer Strom I_2 einen kleineren Fehler bedingt. Mithilfe der Messwerte einer weißen LUXEON® Rebel für Ströme von 350 mA und 10 mA, welche in Tabelle 4.3 zu sehen sind, soll beispielhaft eine Fehlerabschätzung durchgeführt werden. Es zeigt sich, dass beim Messen der Aufwärmkurve durch die Verschiebung des Leistungsniveaus ein Fehler von 1,92 %

---

[4]Da sich die Effizienz im Folgenden immer auf die optische Effizienz der LED bezieht, werden aufgrund der besseren Lesbarkeit der folgenden Formel die Abhängigkeiten der Effizienz in den Index geschrieben: z.B. $\eta(\text{T}){=}\eta_T$.

Tabelle 3.1.: Abschätzung des Fehlers der Abkühl- und Aufwärmkurve nach Messwerten einer LUXEON® Rebel aus der in Tabelle 4.3 beschriebenen Messung.

Messung	I_1 [mA]	$U_1(T_{J1})$ [V]	I_2 [mA]	$U_2(T_{J1})$ [V]	$m(I_2)$ [mVK^{-1}]	$\frac{\Delta P_{H2}}{\Delta P_H}$ [%]
Kühlen	360	3	10	2,6	1,2	0,01
Heizen	10	2,6	360	3	1,8	1,92

entsteht, während die Veränderung der Leistung in der Abkühlkurve mit einem Fehler von unter 0,01 % vernachlässigbar klein ausfällt.

Eine weitere Schwierigkeit liegt darin, so schnell auf den Strom I_2 umzuschalten, damit zu Beginn der Messung immer noch die Temperatur T_{J1} herrscht. Das wird durch die Verwendung von zwei Stromquellen ermöglicht, da das schnelle Öffnen und Schließen eines Schalters leichter zu realisieren ist als das schnelle, präzise Ändern einer Stromquelle. Die hohe Leistungsstufe ergibt sich aus der Summe beider Ströme, die in dieser Anwendung Heizstrom I_H und Messstrom I_M genannt werden. Das niedrigere Leistungsniveau entsteht durch das Abschalten der Heizstromes und wird somit durch den Messstrom definiert.

$$I_1 = I_H + I_M \tag{3.13}$$

$$I_2 = I_M \tag{3.14}$$

Bei der Anwendung von LED-Messungen wird der Heizstrom typischerweise zwischen 100 mA und 1 A gewählt. Da im Vergleich dazu der Messstrom klein sein soll, werden Werte zwischen 1 mA und 10 mA verwendet. Das Schaltbild dieser Messanordnung ist in Abbildung 3.5 zu sehen.

Mit dieser Messanordnung lässt sich die Spannung nach dem Umschalten mit einer zeitlichen Auflösung von dt=1 µs messen. Diese

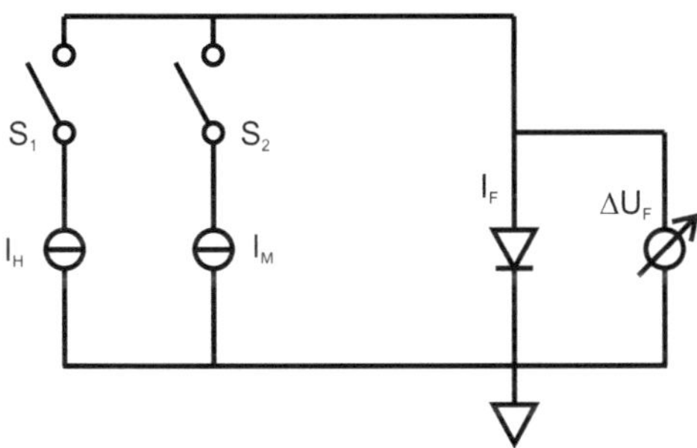

Abbildung 3.5.: Schaltbild zur Messung der LED-Spannung. Die Ströme I_H und I_M werden getrennt erzeugt. Die beiden einstellbaren Ströme sind somit $I_H + I_M$ und I_M. Durch diese Messanordnung lässt sich eine Spannungsmessung mit einer zeitlichen Auflösung von dt=1 µs realisieren.

zeitliche Auflösung kann jedoch nicht als Auflösung der thermischen Messung übernommen werden. Das liegt daran, dass die Spannung vom Niveau U_1, welches zum Anfangsstrom I_1 gehört, sich erst auf das Niveau U_2 des Stromes I_2 ändern muss, was in der Größenordnung von 10 µs erfolgt. Um die Temperaturerhöhung in diesem Zeitintervall abschätzen zu können, wird die Annahme einer punktförmigen Leistungseinkopplung in eine unendlich ausgedehnte Platte getroffen. Die führt zu einer wurzelförmigen Anpassung der Temperaturänderung in der für das Messgerät blinden Zeit, die an die Messung angepasst wird.

MESSUNG DER TEMPERATURERHÖHUNG DES LED-SYSTEMS

Die in der Messung bestimmte Temperaturerhöhung ΔT_{J12} ist der Temperaturunterschied zwischen den thermischen stabilen Zuständen T_{J1} und T_{J2}. In der Messung wird der Temperaturunterschied gesucht, der dem ausgeschalteten LED-System und dem mit dem Strom I_S betriebenen entspricht. Diese Temperaturdifferenz ΔT_{ju} ist der Temperaturunterschied zwischen der LED im thermisch stabilen Zustand T_j und der Umgebungstemperatur T_u:

$$\Delta T_{ju} = T(I_S) - T(I = 0) = T_j - T_u \qquad (3.15)$$

Da der Messstrom I_2 kleiner als Heizstrom I_1 sein soll und zur Messung einer Spannung ein Strom fließen muss, kann I_2 nicht gleich Null gewählt werden. Deshalb wird folgende Einstellung für die Heiz- und Messströme I_1 und I_2 in der Messung verwendet.

$$I_1 = I_S + I_M \qquad (3.16)$$
$$I_2 = I_M \qquad (3.17)$$

Die aus dieser Konfiguration resultierende Heizleistung weicht allerdings von der Heizleistung ab, die die Temperaturdifferenz in Gleichung 3.15 verursacht. Aus diesem Grund wird untersucht, wie nah das Messergebnis der Chiptemperatur ΔT_{J12} an die wirkliche Temperaturerhöhung im System ΔT_{ju} kommt.

Da die jeweiligen Temperaturunterschiede von den thermischen Verlustleistungen verursacht werden, wird zur Bestimmung des Messfehlers der Unterschied der jeweiligen thermischen Verlustleistungen verglichen. Die Verlustleistung ΔP_S entspricht dem elektrischen Niveau von I_S, während die Differenz der Verlustleistungen in der Messung ΔP_M sich aus den Niveaus der Ströme I_1 und I_2 berechnet.

$$\Delta P_S = I_S U(I_S)(1 - \eta_{I_S}) \qquad (3.18)$$
$$\Delta P_M = I_1 U(I_1)(1 - \eta_{I_1}) - I_2 U(I_2)(1 - \eta_{I_2}) \qquad (3.19)$$

Die Ausdrücke können unter der Annahme vereinfacht werden, dass der Messstrom klein gegenüber dem Betriebsstrom I_S ist. Unter dieser

Voraussetzung ändert sich die Spannung und die optische Effizienz zwischen den Zuständen I_S und $I_S + I_M$ kaum.

$$U_S = U(I_S) \quad \approx \quad U(I_S + I_M) \tag{3.20}$$

$$\eta_{I_S} \quad \approx \quad \eta_{I_S + I_M} \tag{3.21}$$

Daraus folgt für die beiden Leistungsunterschiede:

$$\Delta P_S \quad = \quad I_S U_S (1 - \eta_{I_S}) \tag{3.22}$$

$$\Delta P_M \quad = \quad I_S U_S (1 - \eta_{I_S}) + I_M \left[U_S(1 - \eta_{I_S}) - U_M(1 - \eta_M) \right] \tag{3.23}$$

Der zweite Summand im Ausdruck ΔP_M ergibt somit die systematische Abweichung, die sich aus der Änderung der beiden Ströme ergibt. Daraus kann ein systematischer Messfehler angegeben werden.

$$F = \frac{I_M \left[U_S(1 - \eta_{I_S}) - U_M(1 - \eta_M) \right]}{I_S U_S (1 - \eta_{I_S})} \approx \frac{I_M (U_S - U_M)}{I_S U_S} \tag{3.24}$$

Um eine erste Abschätzung der Größenordnung des Messfehlers zu erhalten, wird die Änderung der optischen Effizienz vernachlässigt. Mit den Werten aus Tabelle 3.1 für eine mit 350 mA betriebene LED kann beispielhaft ein systematischer Messfehler von 0,38 % abgeschätzt werden.

Folglich kann unter Kenntnis des Betriebsstroms eines LED-Systems die thermische Verlustleistung in der Messung nachgestellt werden, weshalb sich aus der Messung der Temperaturunterschied ΔT_{ju} für einen bestimmten Betriebsstrom I_S ergibt. Die Chiptemperatur der Messung folgt dann aus der Summe der Temperaturdifferenz und der Umgebungstemperatur.

$$T_j = \Delta T_{ju} + T_u \tag{3.25}$$

Neben der Messung der Chiptemperatur kann auch der thermische Widerstand R_{th} des LED-Systems bestimmt werden.

3.1.4. BESTIMMUNG DES THERMISCHEN WIDERSTANDS

Aus der Messung der Änderung der Chiptemperatur lässt sich neben der Chiptemperatur selber auch der thermische Widerstand eines LED-Systems bestimmen. Dieser thermische Gesamtwiderstand zwischen LED und Umgebungsluft R_{ju} kann nach Gleichung 2.30 aus der gemessenen Temperatur ΔT_{J12} und der Differenz der beiden Heizleistungen ΔP_{H12} berechnet werden.

$$R_{ju} = \frac{\Delta T_{J12}}{\Delta P_{H12}} \tag{3.26}$$

Zur Bestimmung der Heizleistung in dieser Messung genügt es nicht, die elektrischen Leistungen zu subtrahieren, da eine LED einen größeren Betrag an optischer Leistung emittiert. Folglich muss in einer weiteren Messung der Strahlungsfluss des LED-Systems bei den beiden Strömen I_1 und I_2 bestimmt werden. Nach den beiden Messungen kann die Heizleistung aus den elektrischen und den optischen Leistungen bzw. den Effizienzen bei den jeweiligen Betriebsströmen berechnet werden.

$$\begin{aligned}
\Delta P_{H12} &= (P_{e1} - P_{o1}) - (P_{e2} - P_{o2}) \tag{3.27}\\
&= P_{e1}(1 - \eta_{I_1}) - P_{e2}(1 - \eta_{I_2})
\end{aligned}$$

Da der resultiere thermische Widerstand R_{ju} nicht vom verwendeten Heizstrom abhängt, muss in dieser Messung nicht der Betriebsstrom des LED-Systems I_S verwendet werden. Weiterhin kann unter Kenntnis der Effizienz für einen beliebigen Betriebspunkt die Chiptemperatur berechnet werden.

In der Berechnung des thermischen Gesamtwiderstands R_{ju} wird lediglich die Größe der beiden Temperaturniveaus T_{J1} und T_{J2} ausgenutzt, während die Information, wie sich die Temperatur diesen stabilen Niveaus nähert, nicht verwendet wird. Die Form dieser sogenannten thermischen Transienten kann jedoch verwendet werden, um analog der

Netzwerktheorie aus Abschnitt 2.3.4 die einzelnen thermischen Widerstände R_i und Wärmekapazitäten C_i zu bestimmen [36]. Das Ergebnis dieser Berechnung lässt sich anhand einer sogenannten Strukturfunktion veranschaulichen. Die schematische Form dieser Strukturfunktion wird in Abbildung 3.6 gezeigt und besteht aus der logarithmischen Auftragung der Wärmekapazität über dem linearen thermischen Widerstand. Die Bereiche mit konstanter Steigung in der Strukturfunktion können jeweils verschiedenen Bauteilen im thermischen Pfad zugeordnet werden, wodurch sich die Werte des Widerstandsnetzes nach Cauer bestimmen lassen. Der abschließende Bereich mit unendlicher Steigung entspricht dem Übergang der Wärme in die Umgebungsluft, der in der Messung näherungsweise eine unendliche Wärmekapazität besitzt. Der Wert des thermischen Widerstands an diesem Punkt gibt den thermischen Gesamtwiderstand des Systems R_{ju} an.

Folglich kann aus der Messung der Änderung der Chiptemperatur auch die innere Struktur des thermischen Pfades bestimmt werden. Somit kann bei einer Wiederholung der Messung nach längerer Betriebszeit auch überprüft werden, ob der thermische Pfad sich verändert hat, was bei größeren Änderungen eine neue Lebensdauerberechnung bedingen würde.

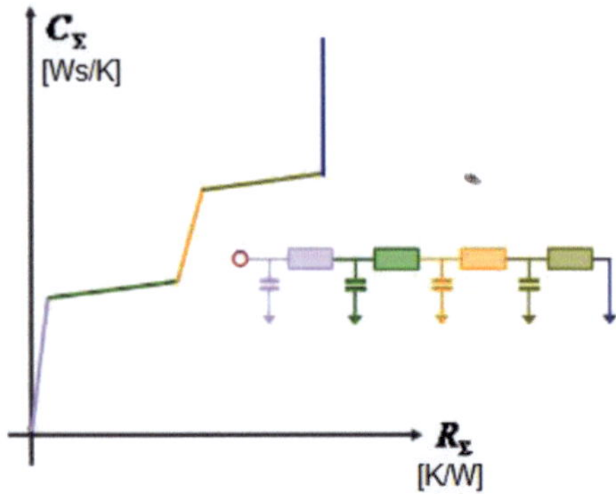

Abbildung 3.6.: Die idealisierte Strukturfunktion, wie sie sich theoretisch Ausbilden sollte [35]. Um die Strukturfunktion zu erhalten, wird die Wärmekapazität logarithmisch über dem linearen thermischen Widerstand aufgetragen. Die Bereiche gleicher Steigung können dabei den Widerständen und Kapazitäten nach dem Cauer-Netz zugeordnet werden.

3.2. MESSVERFAHREN ZUR BESTIMMUNG OPTISCHER GRÖSSEN

Im vorigen Abschnitt wurden verschiedene Messverfahren vorgestellt, die Temperatur einer LED bzw. eines LED-Systems zu messen. Neben der Temperatur ist zum Bestimmen der Lebensdauer von LED-Systemen ebenfalls der emittierte Strahlungsfluss bzw. der emittierte Lichtstrom von besonderer Bedeutung. Deshalb werden in diesem Abschnitt verschiedene Messverfahren vorgestellt, die verwendet werden, diese optischen Kennwerte der LED zu messen. Eine genaue Analyse zu den Unsicherheiten dieser Messungen wird im Rahmen einer Partnerarbeit im BMBF-Projekt UNILED durchgeführt.

Um nicht dauernd zwischen photo- und radiometrischen Größen unterscheiden zu müssen, wird die optische Messtechnik anhand von

Lichtstrommessung erklärt. Falls es nicht extra anders erwähnt wird, können die Verfahren analog zur Messung der entsprechenden radiometrischen Größe verwendet werden.

Begonnen wird die Beschreibung mit einem goniometrischen Verfahren zur Lichtstrommessung, gefolgt von einem integralen Verfahren. Anschließend werden mit dem spektral auflösenden und dem integralen Empfänger zwei Detektortypen erläutert, die sich beliebig mit den beiden Messverfahren kombinieren lassen.

3.2.1. GONIOMETRISCHE LICHTSTROMBESTIMMUNG

Durch ortsaufgelöste Lichtstärkemessung und anschließender Integration der Messwerte kann der Lichtstrom bestimmt werden. Hierzu wird ein Empfänger auf einer virtuellen Kugeloberfläche und die Lichtquelle herum bewegt. Diese Kugeloberfläche kann durch ein zweiparametriges Koordinatensystem beschrieben werden. In der Lichttechnik haben sich dafür drei verschiedene Koordinatensysteme etabliert, die A-, B- und C-Ebenen-System genannt werden [37].

Das A-Ebenen-System lässt sich folgendermaßen konstruieren. Für die Lichtquelle wird eine Leuchtenachse festgelegt, die senkrecht zur Hauptabstrahlrichtung steht. Die Leuchtenachse definiert darauf als Normale die sogenannte A-Ebene. In dieser A-Ebene ergibt sich die erste Raumkoordinate durch den Winkel α, der Werte von $0°$ bis $\pm180°$ einnehmen kann. Der Nullpunkt wird durch die Achse der Hauptabstrahlrichtung festgelegt. Über die Drehachse, die jeweils senkrecht auf Leuchtenachse und Hauptabstrahlrichtung seht, kann die A-Ebene um den Winkel β gedreht werden. β kann die Werte zwischen $0°$ (senkrecht zum Boden) und $180°$ einnehmen, wodurch der komplette Raum abgefahren werden kann.

Analog zu diesem System lässt sich das B-Ebenen-System erklären. Dieses unterscheidet sich dadurch, dass Leuchten- und Drehachse zusammenfallen und jeweils α und β vertauscht werden. Beide Systeme haben gemeinsam, dass ihre A- bzw. B-Ebenen mit der Leuchte verbunden sind.

Im Gegensatz dazu beschreibt das C-Ebenen-System ein ortsfestes System. In diesem stehen wiederum Leuchtenachse und Hauptabstrahlrichtung senkrecht aufeinander, während die Drehrichtung diesmal mit der Hauptabstrahlrichtung zusammenfällt. Die sogenannten C-Ebenen enthalten immer die Drehachse als einen Teil und können um den Winkel φ verschoben werden. Der Wert für $\varphi=0°$ kann willkürlich gewählt werden, und die C-Ebenen lassen sich über den Winkel φ von $0°$ bis $360°$ drehen. Innerhalb der C-Ebene werden die Koordinaten über den Winkel γ beschrieben, der Werte zwischen $0°$ und $180°$ annehmen kann. Die Hauptabstrahlrichtung der Leuchte wird in diesem Fall mit dem Winkel $\gamma=0°$ bezeichnet. Diese drei Koordinatensysteme, in denen sich definiert der Empfänger bewegen lässt, sind in Abbildung 3.7 zu sehen.

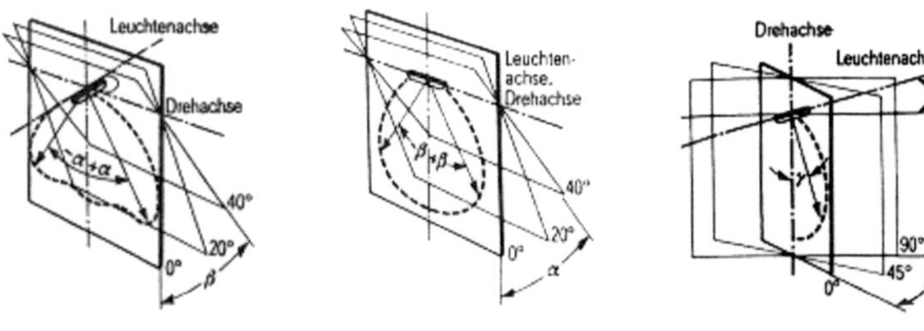

(a) A-Ebenen-System   **(b)** B-Ebenen-System   **(c)** C-Ebenen-System

Abbildung 3.7.: Konstruktion des A-, B- und C-Ebenen-Systems, in denen jeweils die Lichtstärke in einer bestimmten Raumrichtung beschrieben wird [37].

Abbildung 3.8.: Das Nahfeldgoniophotometer Rigo801 [38]. Der innere Rahmen fährt den Winkel γ ab, während der äußere Rahmen mit dem φ Winkel die C-Ebene schwenkt.

Der Radius der virtuellen Kugel und damit der Abstand des Detektors richtet sich nach der Messaufgabe und der Größe des Messobjektes. Soll in der Messung die Abstrahlcharakteristik der Lampe räumlich aufgelöst werden, müssen gewisse Abstände eingehalten werden, um den Messfehler beschränken zu können. Da in der Lichtstrommessung jedoch eine Integration der einzelnen Messwerte genügt, bedingt die geometrische Größe des zu messenden Objektes den Wert des virtuellen Radius.

Deshalb werden viele Systeme des Alterungstests aus Kapitel 6 intitial im Nahfeldgoniophotometer RIGO801 der Firma TechnoTeam Bildverarbeitung GmbH vermessen [38]. Dieses Goniometer ist in Abbildung 3.8 zu sehen und kann Messobjekte mit einer Größe bis zu 30 cm verwendet werden.

Der Lichtstrom Φ aus dieser Messung, die im C-Ebenen-System durchgeführt wird, ergibt sich aus den einzelnen Messwerten der Lichtstärke

I für die einzelnen Winkel γ und φ als Integration über den Raumwinkel ω [37].

$$\Phi = \int I(\gamma, \varphi)\, d\omega \tag{3.28}$$

Diese Messmethode hat den Vorteil, dass das Licht direkt in den Empfänger fällt, ohne dass ein weiteres optisches Element im Strahlengang hängt. Allerdings hängt die Genauigkeit der Messung von der Größe der Winkelschritte ab, in der das LED-System gemessen wird. Die Winkelauflösung bedingt dagegen auch die Zeit der Gesamtmessung. Somit folgt die resultierende Messauflösung immer aus einem Kompromiss aus Messgenauigkeit und Messzeit.

3.2.2. INTEGRALE LICHTSTROMBESTIMMUNG

Eine alternative Methode, den Gesamtlichtstrom einer Lichtquelle zu messen, besteht in der Verwendung einer Ulbrichtschen Kugel, auch kurz U-Kugel genannt. Diese U-Kugel hat eine innere Oberfläche der Größe A_K, die im optischen Spektralbereich einen hohen Reflexionsgrad von ρ besitzt. Ist die U-Kugel geschlossen, so dass kein Licht von außen eindringen kann und das innen reflektierte Licht die Kugel nur absorbiert werden, lässt sich der Lichtstrom der eingeschlossenen Lichtquelle aus dem indirekten Anteil der Beleuchtungsstärke auf der Kugelwand E_{ind} berechnen [37].

$$\Phi = E_{ind} A_K \frac{1 - \rho}{\rho} \tag{3.29}$$

Somit kann die Beleuchtungsstärke an einem beliebigen Punkt der Kugelinnenwand gemessen werden. Um den indirekten Anteil der Beleuchtungsstärke vom direkten Anteil zu trennen, muss der Messkopf mit einer Blende vor der direkten Strahlung geschützt werden. Da in der praktischen Anwendung die Beleuchtungsstärke nicht immer an allen Orten der Kugeloberfläche gleich ist, werden in Gleichung 3.29 die Materialgrößen der U-Kugel durch einen globalen Kugelfaktor C_K ersetzt. Dieser ergibt einen linearen Umrechnungsfaktor für die Lichtstrommessung:

$$\Phi = C_K E_{ind} \tag{3.30}$$

Diese Messung hat den Vorteil, dass sie sehr schnell geht, da zur Erfassung des Messwertes als Messzeit die Integrationszeit des Empfängers das begrenzende Element ergibt, was gegenüber der Rüstzeit der U-Kugel vernachlässigt werden kann. Ebenfalls können in schneller Abfolge Messungen hintereinander durchgeführt werden.

Der Nachteil der Messung mit der U-Kugel besteht darin, dass nur relative Messungen durchgeführt werden können, die immer nur im Verhältnis zur Referenz gelten.

Nach der Beschreibung zweier Möglichkeiten, den Lichtstrom aufzufangen, werden im Folgenden zwei verschiedene Empfängerarten vorgestellt, mit denen der Lichtstrom detektiert wird. Die Empfänger lassen sich gleichfalls in einen auflösenden und integralen Empfänger einteilen und können beliebig mit den beiden Lichtstrommessungen kombiniert werden.

3.2.3. SPEKTRAL AUFLÖSENDER EMPFÄNGER

Das zu messende Licht besteht in der Regel aus Anteilen unterschiedlicher Wellenlängen. Um die wellenlängenabhängige Intensität von diesem Licht, das sogenannte Spektrum, messen zu können, muss dieses in der Messung in seine spektralen Bestandteile aufgespalten werden. Zur Aufspaltung können die Beugung an einem Gitter oder die Dispersion an einem Prisma ausgenutzt werden, wobei letztere Ausführung in den Messungen dieser Arbeit verwendet wird. An diesem Beispiel soll die Funktionsweise des Spektrometers erklärt werden.

Um mit einem Spektrometer Licht messen zu können, muss das Licht zunächst in das Messsystem eingekoppelt werden. Dafür wird in der Regel eine Glasfaser mit Einkoppeloptik verwendet, wobei auch eine U-Kugel verwendet werden kann. Die Menge des einfallenden Lichts wird darauf durch einem Spalt verringert und kann zusätzlich mit weiteren Graufiltern reduziert werden. Darauf fällt das Licht in eine Kollimatoroptik, die den Eintrittsspalt ins Unendliche abbildet. Dieses Licht wird von einer weiteren Linse auf die Bildebene fokussiert.

Zwischen diesen beiden Linsen befindet sich das Prisma als dispersives Element. Dieses spaltet aufgrund des wellenlängenabhängigen Brechungsindexes von Glas das Licht in seine spektralen Bestandteile auf, wobei das kurzwelligere Licht stärker als das langwellige Licht gebrochen wird. Folglich ergibt sich eine räumliche Aufteilung des Lichts nach den wellenlängenabhängigen Bestandteilen. Die Intensitäten der einzelnen Anteile des Spektrums werden von einem CCD[5]-Detektor gemessen, der sich in der Bildebene befindet. Dieser Aufbau ist schematisch in Abbildung 3.9 zu sehen.

Das Rauschen dieses Detektors ist temperaturabhängig, weshalb je nach Ausführung des Spektrometers der Detektor auch gekühlt betrieben wird. In den Messungen wurden sowohl ein gekühltes (CAS 140) als auch ein ungekühltes Gerät (MAS 40) verwendet [40, 41].

Als Ergebnis der Messung ergibt sich eine Intensitätsverteilung, aufgelöst nach der Wellenlänge: das gesuchte Spektrum. Mit dem Spektrum können neben photometrischen und radiometrischen Größen auch alle Farbinformationen berechnet werden. Es ergibt sich folglich die gesamte optische Information aus dem Spektrum.

---

[5]CCD-Sensoren (Charge-Coupled Device) sind in einer zweidimensionalen Matrix angebrachte Photodioden, die aufgrund ihrer Anordnung die räumliche Auflösung von optischen Intensitäten ermöglichen.

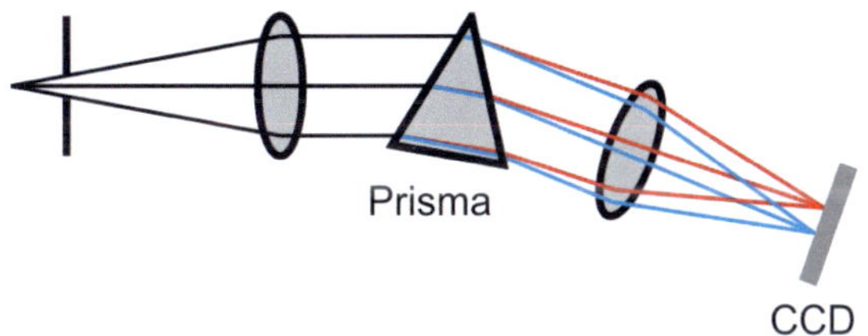

Abbildung 3.9.: Schematischer Aufbau eines Spektrometers, nach Vorbild von [39].

Allerdings birgt die spektrale Messung einige Probleme. Zunächst bedarf ein Spektrometer einer aufwendigen Kalibrierung, damit die Amplitude des Spektrums keine zu großen Unsicherheiten enthält. Eine Unsicherheit in der Amplitude geht in der Lichtstromberechnung durch Integration des Spektrums direkt in die Unsicherheit des Lichtstroms ein. Außerdem bedingt ein Spektrometer sehr große Datenmengen, falls nur der integrale Wert benötigt wird. Aus diesem Grund gibt es Empfänger, die direkt den integralen Wert messen, welche im Anschluss beschrieben werden.

3.2.4. INTEGRALER EMPFÄNGER

Als integraler Empfänger wird ein Photometer verwendet. Das Photometer misst unter Ausnutzung des inneren Photoeffekts die auf die Messöffnung einfallenden Photonen, die in einen sogenannten Photostrom umgewandelt werden. Aus der Messung dieses Stroms kann auf die Beleuchtungsstärke auf der Messöffnung geschlossen werden.

An dieser Stelle muss beachtet werden, dass mit einem Photometer nur photometrische Größen gemessen werden können[6].

Als innerer Photoeffekt wird das Phänomen bezeichnet, wenn ein Photon absorbiert wird und durch diese Energie ein Elektron vom Valenz- in das Leitungsband gelangt. Im Leitungsband kann dieses Elektron zum Stromfluss beitragen, was den messbaren Photostrom ergibt. Wie stark dieser Photostrom ist, hängt einerseits von der rückseitigen Verschaltung, andererseits von der Absorptionscharakteristik des Photometers ab.

Die Absorptionscharakteristik wird zunächst durch die spektrale Empfindlichkeit des verwendeten Absorbermaterials bestimmt. Bei dem in der Messung verwendeten Siliziumabsorber liegt der Absorptionsbereich grob zwischen 400 nm und 1100 nm [37], wobei sich spektral deutliche Unterschiede zeigen, was durch die wellenlängenabhängige Sensitivität des Siliziums $s_{Si}(\lambda)$ beschrieben wird. Diese Empfindlichkeit des Photometers wird zusätzlich durch einen vorgestellten Filter verändert. Bei diesem Filter wird durch die Auswahl unterschiedlicher Gläser die Transmission der Filter $\tau(\lambda)$ so eingestellt, dass sich letztendlich für das Photometer eine Empfindlichkeit proportional zu $V(\lambda)$ ergibt.

$$s_v = s_{Si}(\lambda)\tau(\lambda) = const \cdot V(\lambda) \tag{3.31}$$

Als Folge dieser Anpassung misst das Photometer einen Photostrom, der nicht mehr proportional zur Intensität des Lichts, sondern direkt proportional zur Beleuchtungsstärke auf der Messöffnung ist. Somit ergibt sich ein skalarer Messwert zur Bestimmung des Lichtstroms.

Der Vorteil von Photometern gegenüber Spektrometern liegt darin, dass die Lichtstrommessung eine geringere Unsicherheit gegenüber

---

[6]Zur Messung radiometrischer Größen werden Radiometer verwendet, die ebenfalls Licht in einen Photostrom umwandeln. Allerdings unterscheiden sich Photo- und Radiometer im technischen Aufbau, mit dem der Photostrom erzeugt wird.

der Messung mit Spektrometern aufweist. Es können auch beide Empfänger kombiniert werden, um mit der Lichtstrommessung die Amplitude des Spektrums zu korrigieren. Weiterhin können mit Photometern schnelle Wiederholungen der Messungen durchgeführt werden. Diese Vorteile müssen gegenüber dem Nachteil abgewogen werden, dass die Messung keine Information über die spektrale Verteilung des vermessenen Lichtes enthält.

Nach der Erklärung der Grundlagen wichtiger thermischer und optischer Messmethoden wird im folgenden Kapitel eine Methode zur Lebensdauerbestimmung von LEDs im System hergeleitet. Diese Methode beruht auf der Messung wichtiger Parameter im LED-System, die mithilfe der vorgestellten Messmethoden bestimmt werden können.

Kapitel 4

Methode zum Transfer der Lebensdauerprognose von LEDs ins System

In diesem Kapitel wird eine Methode vorgestellt, wie die Prognose der Lichtstromdegradation aus den Datenblättern der LEDs auf eine Lebensdauerprognose der LEDs in einem System übertragen werden kann. Zu diesem Zweck wird anfangs gezeigt, wie für einen konstant gehaltenen Betriebsstrom und eine variable Chiptemperatur eine auf den L_{70}-Wert basierende Lebensdauer der LED bestimmt werden kann. Die Lebensdauer einer LED wird auf das Zusammenwirken vieler LEDs sowie die potentielle Möglichkeit von Totalausfällen erweitert, was immer auf der im Abschnitt 2.1.2 beschrieben Lebensdauerdefinition von $L_{70}B_{50}$ basiert. Anschließend wird gezeigt, von welchen Parametern die Chiptemperatur im System abhängt und welche Parameter davon messbar sind. Daraus folgt eine Lebensdauer der LEDs im System in Abhängigkeit der Umgebungstemperatur. Schließlich wird anhand der Vermessung zweier Beispielsysteme gezeigt, wie eine Lebensdauerprognose der LEDs im System durchgeführt wird.

4.1. LICHTSTROMDEGRADATION VON LEDS IN ABHÄNGIGKEIT DER CHIPTEMPERATUR

Die Lebensdauer eines LED-Systems wird darauf zurückgeführt, dass der Lichtstrom oberhalb des Schwellwerts L_{70} verbleibt. Deshalb wird im Anschluss untersucht, wie der Lichtstrom einer LED in Abhängigkeit von Betriebsstrom und Chiptemperatur nach Datenblattangaben degradiert. Die Degradation einer LED wird durch einen gedanklichen Einbau in ein System auf einen gemeinsamen L_{70}-Wert vieler LEDs erweitert, die einem konstanten Betriebsstrom und variablen Chiptemperaturen unterliegen. Abschließend wird die Einhaltung des L_{70}-Werts um die Wahrscheinlichkeit von Totalausfällen erweitert.

4.1.1. DEGRADATION EINER LED

In Kapitel 2 wird gezeigt, dass der Lichtstrom LEDs sich über der Betriebsdauer verringert und diese Degradation nach der Norm TM-21 mithilfe von Gleichung 2.6 beschrieben werden kann. Dementsprechend lässt sich die Lichtstromdegradation aus den Degradationsparametern inverse Zeitkonstante α und projizierter Lichtstrom zu Zeitpunkt Null B beschreiben. Diese beiden Degradationsparameter werden von den LED-Chipherstellern in Abhängigkeit der beiden Parameter Betriebsstrom und Chiptemperatur ermittelt. Um aus diesen Herstellerangaben einen L_{70}-Wert in Abhängigkeit von Betriebsstrom und Chiptemperatur zu erhalten, werden die Degradationsparameter in deren Abhängigkeit dargestellt. Die Durchführung der Anpassung erfolgt anhand der veröffentlichen Werte für α und B von Philips aus dem Testreport IESNA LM-80[1], welche in den Tabellen 4.1 und 4.2 aufgelistet sind [10].

Tabelle 4.1.: Die inverse Zeitkonstante $\alpha \cdot 10^6\ [s^{-1}]$ in Abhängigkeit der Parameter Lötpunkttemperatur T_s und Strom I [10].

$T_s \backslash I$	0,35 A	0,5 A	0,7 A	1 A
120 °C	4,04	6,07	-	-
105 °C	-0,36	2,91	6,33	7,53
85 °C	-0,36	1,72	4,31	6,58
55 °C	-0,12	-0,53	2,75	5,14

Tabelle 4.2.: Der projizierte normierte Lichtstrom zum Zeitpunkt Null B in Abhängigkeit der Parameter Lötpunkttemperatur T_s und Strom I [10].

$T_s \backslash I$	0,35 A	0,5 A	0,7 A	1 A
120 °C	1,004	0,993	-	-
105 °C	1,002	1,001	1,004	0,967
85 °C	1,004	1,001	1,008	0,996
55 °C	0,988	0,983	1,002	1,006

Die im Testreport IESNA LM-80 angegebenen Lötpunkttemperaturen T_s sind Temperaturen, die an einem definierten Messpunkt gemessen werden. Von diesem Messpunkt aus muss für jeden Strom eine konstante Temperaturdifferenz ΔT_{J-Ref} zwischen Lötpunkt- und Chiptem-

---

[1]Es werden für die folgende Analyse die veröffentlichten Daten von Philips verwendet, da zum Zeitpunkt dieser Arbeit von keinem weiteren Hersteller Daten für α und B frei zugänglich sind. Die nachfolgenden Analysen gelten deshalb strenggenommen nur für die Daten der im Testreport beschriebenen LEDs von Philips [10]. Die Methoden der Lebensdauerberechnungen aus dem Parametrisierungen der inversen Zeitkonstante kann bei vorhandenem Datensatz ebenfalls auf die LED anderer Hersteller übertragen werden.

peratur bestimmt werden. Um diese Temperaturdifferenz berechnen zu können, muss der thermische Referenzwiderstand R_{J-Ref} bekannt sein, der in einer weiteren Applikationsvorschrift angegeben wird [42]. Unter Verwendung der Temperaturdifferenz ΔT_{J-Ref} kann die Chiptemperatur der LED aus der Lötpunkttemperatur folgendermaßen berechnet werden:

$$T_j = T_s + \Delta T_{J-Ref}(I) \tag{4.1}$$

Somit können die Degradationsparameter α und B in Abhängigkeit von Betriebsstrom und Chiptemperatur analysiert werden. Unter Betrachtung der Grundlagen von LEDs können folgende Tendenzen festgestellt werden.

Der projizierte Lichtstrom zu Messbeginn B ist eine mathematische Größe, die verwendet wird, um die Problematik einer unklaren Änderung innerhalb der ersten 1.000 Stunden aus der Berechnung zu eliminieren. Folglich lässt sich keine Erwartung einer Abhängigkeit vom Betriebsstrom oder der Chiptemperatur formulieren. Diese Annahme wird auch von den Messdaten bestätigt, die statistisch streuende Werte zeigen, deren Mittelwert innerhalb einer Standardabweichung von Eins liegt.

$$B = 0{,}997 \pm 0{,}011 \tag{4.2}$$

Weiterhin geht B in die Berechnung des L_{70}-Werts aus Gleichung 2.7 nur logarithmisch ein, weshalb in den folgenden Betrachtungen vereinfachend mit einem initialen Lichtstrom von B=1 gerechnet wird[2].

Im Gegensatz zu B wird bei der inversen Zeitkonstante α eine direkte Abhängigkeit von Betriebsstrom und Chiptemperatur aufgrund folgender Zusammenhänge erwartet: Die irreversible Degradation einer

---

[2]Die Notwendigkeit des projizierten Lichtstroms B liegt in der Anpassung der Lichtstromdegradation auf Seiten der Hersteller, um die stärkere Änderung des Lichtstroms in den ersten tausend Stunden aus der Bestimmung der inversen Zeitkonstante α zu eliminieren.

LED tritt auf, wenn sich im Verhältnis der Rekombinationsprozesses nach Gleichung 2.8 der Anteil der SRH-Rekombination erhöht. Die Rekombinationswahrscheinlichkeit der SRH-Rekombination hängt nach Gleichung 2.10 linear von der Defektdichte in der LED ab. Die Erhöhung der Defektdichte im Halbleiter ist ein Diffusionsprozess, der nach Gleichung 2.11 temperaturabhängig ist. Aus der Abhängigkeit der Diffusion von der inversen Temperatur in der Exponentialfunktion, wird für die inverse Zeitkonstante folgende Temperaturabhängigkeit angenommen:

$$\frac{1}{\alpha} \propto T_j \tag{4.3}$$

Um die Degradation des Lichtstroms der LEDs in Abhängigkeit der Betriebszeit im Bezug zur Chiptemperatur setzten zu können, wird die Annahme getroffen, dass die Chiptemperatur im Betrieb deutlich größer ist, als die Lagertemperatur der LEDs und die Umgebungstemperatur.

Trifft diese Annahme zu muss weiterhin beachtet werden, dass der Betriebsstrom die Langzeitdegradation zusätzlich beeinflusst, da der Strom bzw. die Stromdichte nach Gleichung 2.8 das Verhältnis zwischen den verschiedenen Rekombinationen festlegt. Folglich darf das Verhältnis von Gleichung 4.3 nur bei einem konstanten Betriebsstrom gebildet werden. Zusätzlich lässt sich daraus schließen, dass aufgrund der quadratischen Abhängigkeit der strahlenden Rekombination von der Ladungsträgerdichte die Auswirkung der Langzeitdegradation bei hohen Betriebsströmen geringer ist als bei niedrigen.

Bei der Überprüfung der Annahmen anhand der Messwerte von α nach Tabelle 4.1 fällt auf, dass die Ergebnisse in zwei Teile aufgeteilt werden müssen. Der erste Teil betrifft die Degradation, die bei den niedrigsten getesteten Betriebsströmen von 350 mA ermittelt wird. Bei den daraus folgenden niedrigen Chiptemperaturen tritt im Betrachtungszeitraum keine Degradation der LEDs auf, was sich in negativen

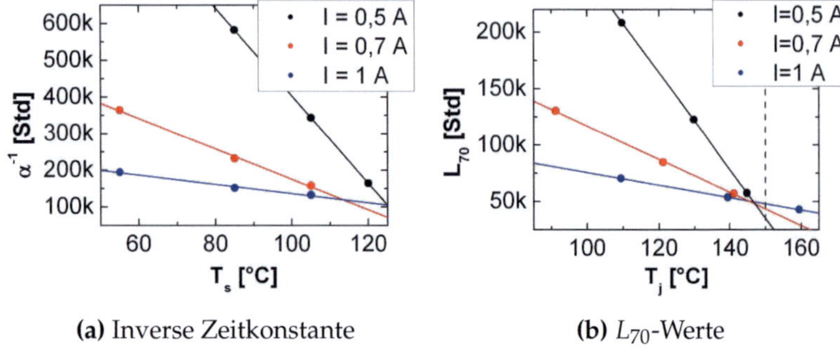

(a) Inverse Zeitkonstante

(b) L_{70}-Werte

Abbildung 4.1.: a) Die inverse Degradationskonstante aufgetragen über der Lötpunkttemperatur. Die Punkte sind jeweils die Datenblattwerte, während die Geraden die dazu angepassten Ausgleichsgeraden darstellen. b) Die resultierenden L_{70}-Werte über der Chiptemperatur mit $T_{j,max}$ als Obergrenze.

Werten für α widerspiegelt. Für diese Betriebsströme kann demnach keine Degradation analysiert werden.

Der zweite Teil bei Betriebsströmen ab 500 mA zeigt eine Langzeitdegradation, woraus positive Werte für α resultieren. Um mit diesen Messwerten die Annahme aus Gleichung 4.3 zu überprüfen, wird α jeweils für konstante Betriebsströme invers über der Lötpunkttemperatur aufgetragen, was in Abbildung 4.1a zu sehen ist. Die Werte für α^{-1} lassen sich jeweils bei konstantem Betriebsstrom durch Geraden nach Gleichung 4.4 mit einer Regression $R^2>0,99$ anpassen.

$$\frac{1}{\alpha} = -m_\alpha(I)T + \tau_0 \qquad (4.4)$$

Hierbei sind m_α die Steigung der Ausgleichsgeraden und τ_0 ein Fitparameter, der nicht weiter interpretiert werden muss. Die Steigung m_α zeigt eine Stromabhängigkeit und erhöht sich, je kleiner der Betriebsstrom wird. Die Änderung der Geradensteigung entspricht qualitativ der Prognose von Gleichung 2.12 in Abschnitt 2.2.1, dass sich bei kleineren Stromdichten der Einfluss der SHR-Rekombination stärker bemerkbar machen soll als bei hohen Stromdichten. Eine Abhängigkeit der Änderung der Geradensteigung von den Betriebsströmen der LED lässt sich aufgrund des komplizierten Zusammenspiels der verschiedenen Rekombinationsprozesse bei sich ändernden Stromdichten schwer herleiten. Deshalb muss bei einer Lebensdauerberechnung von LED-Systemen, die nicht mit den in Datenblättern angegebenen Strömen betrieben werden, auf eine abschnittsweise Interpolation zurückgegriffen werden. Zur Lösung dieses Problems sollten in Zukunft wiederum die LED-Chiphersteller in einer Erweiterung der Norm TM-21 stärker in die Modellbildung einbezogen werden.

Als Folge der Parametrisierung der inversen Zeitkonstante $\alpha(T_j, I)$ kann zur Beschreibung der Langzeitdegradation ein zeitabhängiger normierter Lichtstrom angegeben werden, der nach Gleichung 2.6 von der Variable Chipparameter und der Konstante Betriebsstrom abhängt.

$$\Phi(t) = e^{-\frac{t}{-m_\alpha(I)T_j + \tau_0}} \tag{4.5}$$

Daraus lässt sich ein L_{70}-Wert in Abhängigkeit des Betriebsstroms und der Chiptemperatur berechnen. Der L_{70}-Wert ist eine Gerade, die sich aus der Chiptemperatur als Variable und einer stromabhängigen Geradensteigung zusammensetzt, woraus sich Gleichung 4.6 ergibt.

$$L_{70}(I, T) = \ln\left(\frac{1}{0{,}7}\right)(-m_\alpha(I)T_j + \tau_0) \tag{4.6}$$

Die L_{70}-Geraden für die Betriebsströme von 500 mA, 700 mA und 1 A in Abhängigkeit der Chiptemperatur sind in Abbildung 4.1b zu sehen. Bei der Verwendung dieser Geraden der L_{70}-Werte zur Bewertung der Lebensdauer einer LED müssen allerdings folgende Einschränkungen beachtet werden:

Die betrachteten LEDs sind laut Datenblatt nur bis zu einer maximalen Temperatur vom $T_{j,max}$=150 °C freigegeben, weshalb $T_{j,max}$ in Abbildung 4.1b durch eine gestrichelte Linie gekennzeichnet wird. Da für höhere Temperaturen noch weitere Ausfallmechanismen thermisch aktiviert werden, dürfen für Temperaturen oberhalb von $T_{j,max}$ keine bei niedrigeren Temperaturen bestimmen Lebensdauern extrapoliert werden.

Außerdem stammen die Degradationsparameter aus Messungen, die bis 9.000 Stunden durchgeführt sind. Da laut der Norm TM-21 die Lichtströme bis zum sechsfachen der Messdauer extrapoliert werden dürfen, darf eine auf den L_{70}-Wert basierende Lebensdauerangabe nur bis zum einem Zeitpunkt von 54.000 Stunden angegeben werden. Allerdings sind noch keine LEDs in einem Langzeittest so lange gealtert worden, weshalb alle L_{70}-Werte zwar die besten aktuell verfügbaren Werte sind, aber trotzdem nur unter Vorbehalt betrachtet werden sollten.

Mit der Rückführung der Lichtstromdegradation auf die Parameter Chiptemperatur und Betriebsstrom kann über den L_{70}-Wert die Lebensdauerprognose einer LED in einem LED-System erstellt werden. Da LED-Systeme jedoch häufig aus mehreren LEDs bestehen, wird im Anschluss die Prognose auf die Degradation vieler LEDs erweitert.

4.1.2. DEGRADATION VIELER LEDS

In der anschließenden Betrachtung wird die Annahme getroffen, dass sich der Lichtstrom eines LED-Systems aus der Summe der Lichtströme der einzelnen LEDs des Systems ergibt. Folglich kann der zeitabhängige Lichtstrom des Systems aus der Summe der zeitabhängigen Lichtströme der einzelnen LEDs berechnet werden.

$$\Phi_S(t) = \sum_{i=1}^{n} \Phi_i(t, I_i, T_{j,i}) \tag{4.7}$$

Um diese Formulierung vereinfachen zu können, kann weiterhin die Annahme getroffen werden, dass die LEDs im System mit einem konstanten, einheitlichen Betriebsstrom I_S betrieben werden. Diese Annahme trifft obligatorisch auf alle LED-Systeme zu, bei denen die LEDs in Reihe geschaltet sind. Bei parallel geschalteten LED-Systemen werden die LEDs in der Regel über das EVG auf einen konstanten Betriebsstrom[3] gehalten, weshalb auch für diese Schaltung ein konstanter Strom angenommen werden kann. Folglich unterscheiden sich die einzelnen LEDs nur über ihre Chiptemperatur, woraus sich ein normierter zeitabhängiger Lichtstrom des LED-Systems $\Phi_{Mw}(t)$ berechnen lässt. Dieser Lichtstrom $\Phi_{Mw}(t)$ berechnet sich über den Mittelwert der normierten Lichtströme der einzelnen LEDs, die im Allgemeinen jeweils unterschiedlichen Chiptemperaturen haben, folgendermaßen:

$$\Phi_{Mw}(t) = \frac{1}{n} \sum_{i=1}^{n} \Phi_i(t, I_S, T_{j,i}) \tag{4.8}$$

Aus dem Lichtstrom des LED-Systems lässt sich in Analogie zur einzelnen LED der L_{70}-Wert eines LED-Systems als denjenigen Zeitpunkt t_{70} festlegen, an dem der Mittelwert der normierten Lichtströme Φ_{Mw} auf 70 % degradiert ist.

$$\Phi_{Mw}(t_{70}) = 0{,}7 \tag{4.9}$$

Im Gegensatz zur einzelnen LED ergibt Gleichung 4.9 nur eine implizite Gleichung für t_{70}, die aber aufgrund der strengen Monotonie von

---

[3]Die Anzahl der über eine Spannung geregelten LED-Systeme ist verschwindend gering, da der Lichtstrom dieser LED-Systeme einer starken Temperaturabhängigkeit unterliegt.

Φ_{Mw} bzw. der in Φ_{Mw} enthaltenen Exponentialfunktionen eine eindeutige Lösung für den Zeitpunkt t_{70} besitzt. Infolgedessen kann t_{70} in der Praxis durch das Lösen eines Minimierungsproblems eindeutig bestimmt werden.

In Gleichung 4.8 wird neben dem konstanten Betriebsstrom eine variable Chiptemperatur $T_{j,i}$ für jede LED des Systems verwendet. Diese vollständige Beschreibung des Systemlichtstroms kann näherungsweise weiter vereinfacht werden, indem der Mittelwert der einzelnen Lichtströme durch den normierten Lichtstrom einer einzelnen LED ersetzen wird, deren Temperatur aus dem Mittelwert aller Chiptemperaturen des Systems gebildet wird.

$$T_j = \frac{1}{n} \sum_{i=1}^{n} T_{j,i} \tag{4.10}$$

Aufgrund der exponentiellen Abhängigkeit der Lichtstromdegradation und der reziproken Proportionalität zwischen der inversen Zeitkonstante und der Chiptemperatur folgt, dass der Mittelwert der Lichtströme Φ_{Mw} kleiner ist, als der Lichtstrom des Temperaturmittelwerts. Allerdings konvergieren beide Lichtströme immer stärker gegen einen gemeinsamen Wert, je mehr LEDs das System beinhaltet und je kleiner die Differenz der unterschiedlichen Chiptemperaturen wird.

Eine untere Schranke für den Gesamtlichtstrom kann dagegen durch die Lichtstromdegradation der wärmsten LED im System $T_{j,w}$ gegeben werden, woraus sich folgende Ungleichung formulieren lässt:

$$\Phi(T_{j,w}) < \Phi_{Mw} \lesssim \Phi(T_j) \tag{4.11}$$

Zur Veranschaulichung von Ungleichung 4.11 wird beispielhaft die Lichtstromdegradationen eines LED-Systems mit zwei LEDs berechnet, was graphisch in Abbildung 4.2 zu sehen ist. Der Temperaturunterschied zwischen den beiden Chiptemperaturen $T_{\Delta j}$ beträgt 10 °C und der Mittelwert der beiden Chiptemperaturen T_j ist 140 °C. Als

Betriebsstrom zur Berechnung der inverse Zeitkonstante wird ein Wert von 0,5 A verwendet. Um die Ergebnisse der berechneten Lichtströme miteinander vergleichen zu können, werden für alle Fälle L_{70}-Werte berechnet. So hat der wärmste Chip mit 57.000 Stunden den kürzesten L_{70}Wert, während der L_{70}-Wert des Mittelwerts der Lichtströme mit 74.000 Stunden und des Temperaturmittelwert mit 79.000 Stunden relativ nah zusammen liegen. Folglich stimmt die Lichtstromdegradation des Temperaturmittelwerts selbst bei diesem relativ großen Temperaturunterschied der LED-Chips gut mit dem Lichtstrommittelwert der einzelnen Lichtströme überein. Die Ergebnisse sollten zusätzlich im Kontext betrachtet werden, dass die aus den berechneten L_{70}-Werten resultierende Lebensdauer aller drei Kurven nur mit >54.000 Stunden angegeben werden dürfen.

Eine Richtlinie, ab wann die Temperaturverteilung eines LED-Systems genau betrachtet werden muss und ab wann der Temperaturmittelwert genügt, kann sich aus der Betrachtung des Aufbaus des LED-Systems ergeben. So geht der thermische Pfad in der Regel von den LEDs über eine Leiterplatte in einen Kühlkörper. Deshalb hängt es von der geometrischen Lage der LEDs zueinander ab, wie stark sich die LEDs gegenseitig thermisch beeinflussen.

Zur genauen Analyse eines LED-Systems, kann die Chiptemperatur mit eine IR-Kamera gemessen oder mit CFD-Programmen simuliert werden. Zur praktischen Abschätzung können allerdings auch geometrische Betrachtungen angestellt werden. Sind die LEDs beispielsweise symmetrisch auf einem Ring angeordnet, beeinflussen die LEDs sich thermisch alle gleichmäßig, weshalb sich deren Chiptemperaturen kaum unterscheiden. Kann bei LEDs jedoch deutlich zwischen mittigen und äußeren LEDs unterschieden werden, haben die LEDs in der Mitte in der Regel eine höhere Temperatur. In diesem Fall sollte der L_{70}-Wert über die Summe der Einzeltemperaturen berechnet werden.

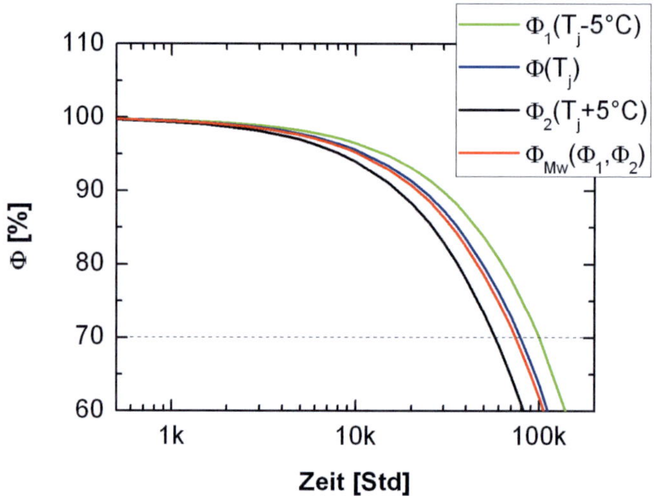

Abbildung 4.2.: Berechnung der Lichtstromdegradation beim konstanten Betriebsstrom I_S=0,5 A für Einzelchips mit den Chiptemperaturen T_j=140 °C (blau), T_1=T_j-5 °C (grün) und T_2=T_j+5 °C (schwarz) sowie dem Mittelwert der Lichtströme von T_1 und T_2 (rot).

Eine grobe Abschätzung als „Worst-Case-Szenario" kann außerdem aus der Temperatur der wärmsten LED $T_{j,w}$ erfolgen.

In jedem Fall ergibt sich für die LEDs im System eine Lebensdauerbeschreibung, die auf einer kontinuierlichen Lichtstromdegradation als Ausfallgrund basiert. In der Betrachtung wird allerdings die Problematik des möglichen Totalausfalls von LEDs vernachlässigt, weshalb im Anschluss die Berechnungsmethoden durch die Wahrscheinlichkeit von Totalausfällen ergänzt werden.

4.1.3. DEGRADATION UNTER EINBEZUG VON TOTALAUSFÄLLEN

Neben der irreversiblen Lichtstromdegradation kann eine LED auch plötzlich kein Licht mehr emittieren. Diese sogenannten Totalausfälle lassen sich ebenfalls in die Beschreibung der Lichtstromdegradation integriert. Zu diesem Zweck kann die zeitabhängige Beschreibung des Lichtstroms durch eine zunächst nicht näher bestimmte Ausfallwahrscheinlichkeit gewichtet werden. Als Folge ergibt sich die Lichtstromdegradation einer LED, die um die Wahrscheinlichkeit der Ausfallrate reduziert wird:

$$\Phi_f(t) = (1 - F(t))\Phi(t) \tag{4.12}$$

Eine Problematik ist, dass Daten zu Totalausfällen von LEDs von den Chipherstellern mit einer Ausnahme nicht veröffentlicht werden. Allerdings kann die Annahme getroffen werden, dass sich die Wahrscheinlichkeit des Totalausfalls einer LED mithilfe der Weibull-Statistik berechnen lässt, deren zeitabhängige Fehlerwahrscheinlichkeit F(t) in Gleichung 2.2 gegeben ist. Der zeitabhängige Lichtstrom berechnet sich danach folgendermaßen:

$$\Phi_f(t) = e^{-\left(\frac{t}{T}\right)^b}\Phi(t) \tag{4.13}$$

Unter der Annahme, dass der Totalausfall einer LED einem zufälligen Fehlerprozess und keinem Verschleiß[4] unterliegt, kann die Ausfallsteilheit mit b = 1 angenommen werden. Somit kann aus den Gleichungen 2.6 und 4.13 für eine LED der fehlergewichtete Lichtstrom mit der charakteristischen Lebensdauer T als Parametrisierung der Ausfallwahrscheinlichkeit angegeben werden.

$$\Phi_f(t) = e^{-t\left(\frac{1}{T}+\alpha\right)} \tag{4.14}$$

---

[4]Das Kriterium der 70 % des Ausgangslichtstroms ist ein Ausfall aufgrund von Verschleiß, der aber nicht in die Weibull-Statistik eingeht, da er explizit getrennt berechnet wird.

Die charakteristische Lebensdauer T sollte wie alle elektronischen Bauteile eine Temperaturabhängigkeit besitzen, woraus sich ein L_{70}-Wert mit den temperaturabhängigen Parametern T und α berechnen lässt.

$$L_{70} = \frac{ln\left(\frac{1}{0{,}7}\right)}{\frac{1}{T(T_j)} + \alpha(T_j)} \tag{4.15}$$

Die Berechnungen gelten zunächst nur für Singlechip-Systeme. Soll die Problematik des Totalausfalls auf die Lebensdauer eines LED-Systems mit mehreren LEDs erweitert werden, muss zwischen zwei charakteristischen Ausfallarten unterschieden werden. Die erste Ausfallart wird als Kurzschlussausfall (engl. „short circuit") bezeichnet und beschreibt den Ausfall der LED, durch den der Stromkreis nicht unterbrochen wird. Demnach können die funktionierenden LEDs unabhängig von einem Ausfall weiter Licht emittieren. Der durchschnittliche Lichtstrom für diesen Fall kann wiederum mit Gleichung 4.13 beschrieben werden, wobei der Lichtstrom $\Phi(t)$ durch den Mittelwert der einzelnen LEDs $\Phi_{Mw}(t)$ ersetzt werden muss.

$$\Phi_{f,sc}(t) = (1 - F(t))\Phi_{Mw}(t) \tag{4.16}$$

Äquivalent dazu lässt sich der um einen Totalausfall korrigierte Lichtstrom mithilfe der Binomialverteilung beschreiben, die die Weibull-Verteilung als Fehlerwahrscheinlichkeit F(t) verwendet [43]. Der mit einem Totalausfall gewichtete Lichtstrom für ein LED-System mit n LEDs berechnet sich dann folgendermaßen:

$$\Phi_{f,sc}(t) = \sum_{k=0}^{n} \binom{n}{k} F(t)^k (1 - F(t))^{n-k} \frac{n-k}{n} \Phi_{Mw}(t) \tag{4.17}$$

Im Anhang A.2 wird gezeigt, dass die beiden Gleichungen 4.16 und 4.17 äquivalent sind. Der Summenindex k beschreibt die Anzahl der ausgefallenen LEDs im System, und der zeitabhängige Lichtstrom wird durch den Faktor $\frac{n-k}{n}$ in jedem Summenglied um den Anteil der ausgefallenen LEDs reduziert. Wenn aus Gleichung 4.17 der Zeitpunkt der L_{70}-Grenze mit einem Minimierungsproblem gelöst werden soll, entsteht allerdings folgender Fehler:

Unterliegen schon früh viele LEDs einem Totalausfall, wird dieser Beitrag der Summenglieder der Binomialverteilung in der Berechnung der Minimierung berücksichtigt, obwohl das LED-System weniger als 70 % des Ausgangslichtstroms emittiert. Da aber ein LED-System nach Überschreiten des 70%-Kriteriums nicht mehr als funktionierend gewertet werden darf, müssen die dazugehörigen Beiträge der Summenglieder auf Null gesetzt werden. Folglich wird Gleichung 4.17 um die Θ-Funktion ergänzt, woraus sich folgende Formulierung für den zeitabhängigen, fehlerbehafteten Lichtstrom in Kurzschlussfall ergibt:

$$\Phi_{f,sc}(t) \;=\; \sum_{k=0}^{n} \binom{n}{k} F(t)^k (1 - F(t))^{n-k} \frac{n-k}{n} \Phi_{Mw}(t) \cdot$$
$$\Theta(\frac{n-k}{n} \Phi_{Mw}(t) - 0{,}7) \tag{4.18}$$

Gleichung 4.18 gilt nur für den Fall, dass der Ausfall einer LED den Lichtstrom der anderen LEDs im System nicht beeinflusst. Allerdings kann auch der gegenteilige Fall auftreten, dass der Ausfall einer LED den Stromkreis aller LEDs in Reihe unterbricht (engl. „open circuit"). Im Fall der offenen Schaltung verschwinden alle Summenglieder für k>0. Somit vereinfacht sich Gleichung 4.18 folgendermaßen:

$$\Phi_{f,oc}(t) = (1 - F(t))^n \Phi_{Mw}(t) \tag{4.19}$$

In Analogie zu Gleichung 4.9 kann sowohl für den Fehler der geschlossenen als auch der offenen Schaltung eine implizite Gleichung für die beabsichtigte Fehlergrenze formuliert werden, aus der die Zeit des L_{70}-Wertes berechnet wird.

$$\Phi_f(t_{70}) = 0{,}7 \tag{4.20}$$

In der Praxis können LEDs sowohl offen als auch im Kurzschluss ausfallen. Für eine Kombination beider Fehlerarten mit jeweiliger Gewichtung der Wahrscheinlichkeiten kann der zeitabhängige, fehlerbehaftet Lichtstrom mit Monte-Carlo Simulationen bestimmt werden, wie es auch in folgendem White Paper vorgeschlagen wird [8].

Sowohl der Lichtstrom mit Totalausfall im Kurzschluss als auch in der offenen Schaltung beinhalten Gleichung 4.8 zur Lichtstrombeschreibung ohne Totalausfall als Sonderfall. Soll jeweils der mögliche Totalausfall vernachlässigt werden, muss die Ausfallwahrscheinlichkeit F(t) gleich Null gesetzt werden, was durch eine große charakteristische Lebensdauer (T$\rightarrow \infty$) erreicht werden kann.

Die aktuelle Datenlage für charakteristische Lebensdauern der LEDs von Herstellerseite ist noch schlechter als die Daten zur Lichtstromdegradation. Allerdings fallen die Totalausfälle bei einer $L_{70}B_{50}$-Definition der Lebensdauer nicht so stark in Gewicht, da aus Totalausfällen resultierende kurze Lebensdauern weniger LED-Systeme den Medians der Aufallzeiten kaum beeinflussen. Deshalb werden die Korrekturen der Lichtstromdegradation über Totalausfälle für die nachfolgenden Berechnungen von L_{70}-Werten vernachlässigt.

Nach der Analyse, wie aus Betriebsstrom und Chiptemperatur die Lichtstromdegradation bzw. der L_{70}-Wert des LED-Systems berechnet werden kann, wird im Anschluss gezeigt, von welchen Parametern die Chiptemperatur im LED-System abhängt.

4.2. LICHTSTROMDEGRADATION VON LEDs IM SYSTEM IN ABHÄNGIGKEIT DER UMGEBUNGSTEMPERATUR

Eine Lebensdauerprognose der LEDs im System kann mit Kenntnis des Betriebsstroms und der Chiptemperatur erfolgen. Die LEDs werden in der Regel mit konstantem Strom betrieben, wobei die Änderung des Betriebsstroms in einer Partnerarbeit über die Lebensdauer der EVGs untersucht wird. Aus diesem Grund wird der Betriebsstrom im Anschluss als konstant angesehen. Die Chiptemperatur des LED-Systems hängt von verschiedenen Parametern ab, die im Anschluss auf ihre Konstanz und die Möglichkeit, sie in einer Messung zu bestimmen, untersucht werden.

4.2.1. ABHÄNGIGKEIT DER CHIPTEMPERATUR IM LED-SYSTEM

Da sich ein LED-System im Betrieb die meiste Zeit im thermisch stabilen Zustand befindet, kann die Chiptemperatur im stabilen Zustand zur Berechnung der Lebensdauer verwendet werden. In diesem Zustand kann die Chiptemperatur nach Gleichung 2.31 aus der thermischen Verlustleistung P_{th}, dem thermischen Gesamtwiderstand zwischen LED und Umgebungsluft R_{ju} und der Umgebungstemperatur T_u berechnet werden.

$$T_j = P_{th}R_{ju} + T_u \tag{4.21}$$

Diese drei Parameter Verlustleistung, thermischer Widerstand und Umgebungstemperatur werden im Anschluss auf die Frage hin bewertet, ob sie messbar sind oder als Variable in die Berechnung der Chiptemperatur eingehen müssen.

THERMISCHE VERLUSTLEISTUNG P_{th}

Der erste Parameter aus Gleichung 4.21 ist die thermische Verlustleistung. Nach Gleichung 2.32 kann die thermische Verlustleistung aus der elektrischen Eingangsleistung abzüglich der optisch emittierten

Ausgangsleistung berechnet werden. Die elektrische Leistung eines LED-Systems wird durch das Einstellen eines konstanten Betriebsstroms I_S festgelegt, welcher im LED-System über das EVG geregelt wird. Die aus dem Betriebsstrom resultierende Spannung folgt der in Kapitel 2 beschriebenen UI-Kennline, deren Form hauptsächlich vom Materialparameter Sättigungsstrom bestimmt wird. Die Chiptemperatur stellt bei konstantem Betriebsstrom nur eine leichte Korrektur der Spannung dar. Somit kann die elektrische Leistung in Abhängigkeit des Betriebsstroms dargestellt werden.

$$P_e(I_S) = I_S U(I_S) \tag{4.22}$$

Mit der elektrischen Leistung alleine kann bei einer LED die thermische Verlustleistung noch nicht bestimmt werden. Die elektrische Leistung muss noch um die als Licht emittierte optische Leistung reduziert werden. Die optische Leistung kann nach Gleichung 2.33 über die optische Effizienz η der LED ausgedrückt werden. Die optische Effizienz hängt vom Betriebsstrom und der Chiptemperatur sowie einigen Materialparametern ab, die den größten Einfluss auf die Effizienz der LED haben. Somit wird die thermische Verlustleistung vom Betriebsstrom der LED dominiert.

$$P_{th}(I_S) = P_e(I_S)(1 - \eta) \tag{4.23}$$

Die thermische Verlustleistung wird hauptsächlich vom Betriebsstrom gesteuert, weshalb die Verlustleistung als der Betriebspunkt der LED im System interpretiert werden kann. Um aus dem Betriebspunkt eine resultierende Temperatur ableiten zu können, muss der thermische Widerstand des LED-Systems bestimmt werden.

THERMISCHER GESAMTWIDERSTAND R_{ju}

Der thermische Gesamtwiderstand R_{ju} ist die mathematische Parametrisierung des kompletten thermischen Pfades, den die thermische Verlustleistung von der LED über den Kühlkörper bis zur Umgebungsluft nimmt. Somit beschreibt der Gesamtwiderstand des LED-Systems den Einfluss des geometrischen und materiellen Aufbaus auf die Systementwärmung. Multipliziert mit der thermischen Verlustleistung ergibt der thermische Gesamtwiderstand die Temperaturdifferenz ΔT_{ju} zwischen der Chip- T_j und der Umgebungstemperatur T_u.

$$\Delta T_{ju} = P_e(1 - \eta)R_{ju} \tag{4.24}$$

Die Beschreibung über die Temperaturdifferenz ist nur für ein Singlechip-System gültig, kann aber auf Multichip-Systeme übertragen werden. Dabei wird der thermische Widerstand des Multichip-Systems mit der thermischen Verlustleistung des Gesamtsystems multipliziert. Die daraus berechnete Temperaturerhöhung bezieht sich auf die Temperaturdifferenz zwischen der Umgebungstemperatur und dem Temperaturmittelwert des Multichip-Systems T_j, der in Gleichung 4.10 definiert wird.

In der genaueren Analyse des thermischen Widerstands eines LED-Systems muss beachtet werden, dass der thermische Widerstand aus einem konstanten und einem veränderlichen Anteil besteht, weshalb der Gesamtwiderstand in eine Summe aus zwei Teilwiderständen aufgeteilt werden kann:

$$R_{ju} = R_{jk} + R_{ku} \tag{4.25}$$

Der erste Teilwiderstand R_{jk} steht für den thermischen Pfad von der LED bis zum Kühlkörper. In diesem Teil des thermischen Pfades wird die Verlustleistung über Wärmeleitung transportiert. Da die thermischen Teilwiderstände der Wärmeleitung nur von bestimmten konstanten Parametern wie Geometrie oder thermischer Leitfähigkeit abhängen, ist der folgende thermische Widerstand von allen Umgebungsbedingungen in guter Näherung unabhängig. Deshalb wird R_{jk} als der konstante Anteil des thermischen Gesamtwiderstandes bezeichnet.

Eine signifikante Änderung von R_{jk} über der Betriebszeit oder eine Abweichung von einem für dieses LED-System bekannten Standardwert weisen auf einen Fehler im LED-System hin, der in der Regel zu einem Frühausfall führt. Eine Methode zur messtechnischen Eingrenzung dieses Fehlers wird in Abschnitt 3.1.4 beschrieben.

Der zweite thermische Teilwiderstand R_{ku} entspricht dem konvektiven Übergang vom Kühlkörper an die Umgebungsluft. Dieser Übergangswiderstand R_{ku} hängt nach Gleichung 2.23 vom Wärmeübergangskoeffizienten α ab. Da der Wärmeübergangskoeffizient eine Parametrisierung der Umgebungsbedingungen ist, die aus den Strömungseinflüssen der Umgebungsluft und der Brennlage des LED-Systems bestehen, wird R_{ku} als variabler Anteil des thermischen Gesamtwiderstands bezeichnet.

Für die Messung des thermischen Gesamtwiderstands eines LED-Systems ergeben sich aus dem variablen Teilwiderstand folgende Probleme: Der variable Anteil muss während der Messung konstant gehalten werden und dem Wert in der Anwendung entsprechen. Daraus ergeben sich Forderungen für die Brennlage und die Umgebungsbedingungen der Messung.

Die Brennlage der Messung kann auf zwei Arten festgelegt werden. Einerseits kann die Brennlage vom Hersteller des LED-Systems vorgeschrieben werden, wenn sich aus der Anwendung eine logisch zu bevorzugende Brennlage ergibt. Gibt es keine bevorzugte Brennlage, sollte die Brennlage mit dem größten thermischen Widerstand gewählt werden.

Als zweite Forderung müssen die Umgebungsbedingen der Messung festgelegt werden. Dabei sind die Strömungseinflüsse auf die Umgebungsluft gemeint, nicht aber die Umgebungstemperatur, da diese im Anschluss extra als Variable analysiert wird. Als Anforderung lässt sich formulieren, dass die Messung in ruhiger Umgebungsluft ohne externe Strömungsquellen durchgeführt werden muss. Diese Vorgabe kann durch eine räumliche Umbauung des Messaufbaus realisiert werden. Ein etwaiger am LED-System verbauter Lüfter gehört dagegen zum LED-System und muss während der Messung betrieben werden.

Werden die Einflüsse auf den variablen Anteil des thermischen Widerstands berücksichtigt und in der Messung konstant gehalten, kann die thermische Systembeschreibung auf einen Wert reduziert werden: Die Temperaturdifferenz ΔT_{ju} zwischen Chip- und Umgebungstemperatur.

Die Temperaturdifferenz ΔT_{ju} beinhaltet in dieser Terminologie den Betriebspunkt und den materiellen Aufbau und ist folglich der Wert, auf den die Charakterisierung eines LED-Systems reduziert werden kann.

Die Einordnung dieser Systemcharakterisierung in die Anwendung erfolgt im Anschluss über die Umgebungstemperatur.

UMGEBUNGSTEMPERATUR T_u

Die Umgebungstemperatur ist für den Wärmestrom das Grundpotential, auf das die resultierende Chiptemperatur bezogen wird. Aus Gleichung 4.21 folgt, dass die Chiptemperatur unter Kenntnis der Temperaturdifferenz ΔT_{ju} linear aus der Umgebungstemperatur T_u berechnet werden kann.

$$T_j = \Delta T_{ju} + T_u \tag{4.26}$$

Da die Umgebungstemperatur nicht durch den Aufbau des LED-Systems beeinflusst werden kann, muss die Chiptemperatur im LED-

System nur in Abhängigkeit der Umgebungstemperatur angegeben werden. Daraus ergibt sich eine Lebensdauer der LEDs im System, die von der Umgebungstemperatur abhängt, was in Abschnitt 4.2.2 beschrieben wird.

Neben einem L_{70}-Wert, der von der Umgebungstemperatur abhängt, kann ebenfalls die Begrifflichkeit der maximalen Chiptemperatur $T_{j,max}$ auf die Umgebungstemperatur übertragen werden. Die resultierende maximale Umgebungstemperatur $T_{u,max}$ erlaubt somit für ein LED-System direkt die Bewertung, ob das LED-System in einer gegeben Anwendung überhaupt verwendet werden kann und berechnet sich folgendermaßen:

$$T_{u,max} = T_{j,max} - \Delta T_{ju} \tag{4.27}$$

Wenn für ein LED-System eine charakteristische Lebensdauer angegeben werden soll, heißt das implizit, dass eine dafür „geeignete" Umgebungstemperatur ausgewählt werden muss. Eine Möglichkeit besteht darin, eine Standard-Umgebungstemperatur für die jeweilige Anwendung zu definieren. Eine solche Standardtemperatur gibt es beispielsweise in den Norm-Bedingungen für die Lichtstrommessung von LED-Systemen, welche bei 25 °C liegt [44]. Diese Definition vereinheitlicht die resultierenden Lebensdauerangaben, birgt jedoch die Problematik, dass die Lebensdauer häufig zu hoch eingeschätzt wird. Zusätzlich wird die Angabe der Lebensdauer verschärft, wenn die Temperaturen in der Anwendung oberhalb der maximal zulässigen Umgebungstemperatur liegen, wonach die Vorhersagen nicht mehr gültig sind.

Alternativ dazu kann in einer Art „Worst-Case-Szenario" die höchste in der Anwendung vorkommende Umgebungstemperatur zur Berechnung verwendet werden. Diese Herangehensweise verhindert ein Überschätzen der Lebensdauer, kann aber in den Fällen, in denen die Höchstwerte nur selten erreicht werden, zu einer deutlichen Unterschätzung der LED-Lebensdauer führen.

Nach der Bewertung des Betriebspunkts, des thermischen Widerstands und der Umgebungstemperatur wird im Anschluss gezeigt, wie die Lebensdauerprognose in Abhängigkeit der Chiptemperatur auf die Umgebungstemperatur übertragen werden kann.

4.2.2. Umgebungstemperaturabhängige Lichtstromdegradation

Die Chiptemperatur im LED-System hängt von zwei Teilen ab: Dem vom LED-System vorgegebenen Anteil ΔT_{ju} und dem von der Anwendung vorgegebenen Anteil T_u. Zur Bestimmung des L_{70}-Werts des LED-Systems folgt daraus die Aufgabe, die Temperaturerhöhung ΔT_{ju} zu messen und mit der Temperaturerhöhung eine von der Umgebungstemperatur abhängige Lebensdauer zu berechnen.

Mit der in Abschnitt 3.1.3 beschriebenen Methode der Messung der Chiptemperatur kann $\Delta T_{ju}(I_S)$ direkt in Abhängigkeit des Betriebsstroms gemessen werden. Somit kann aus dieser Messung $\Delta T_{ju}(I_S)$ bestimmen werden, ohne dass die thermische Verlustleistung bzw. der thermische Widerstand im Einzelnen bekannt sind. Wird die Messung der Chiptemperatur zusätzlich mit der optischen Messung des Strahlungsflusses kombiniert, können Effizienz und thermischer Widerstand getrennt ermittelt werden. Dieses in Abschnitt 3.1.4 erläuterte Vorgehen, ermöglicht eine vollständigere Analyse des LED-Systems und kann die Anzahl der notwendigen thermischen Messungen reduzieren, wenn die Lebensdauer bei verschiedenen Betriebsströmen bestimmt werden soll. Beide Möglichkeiten der Messung von ΔT_{ju} werden im Anschluss anhand von Beispielmessungen in der praktischen Durchführung erläutert.

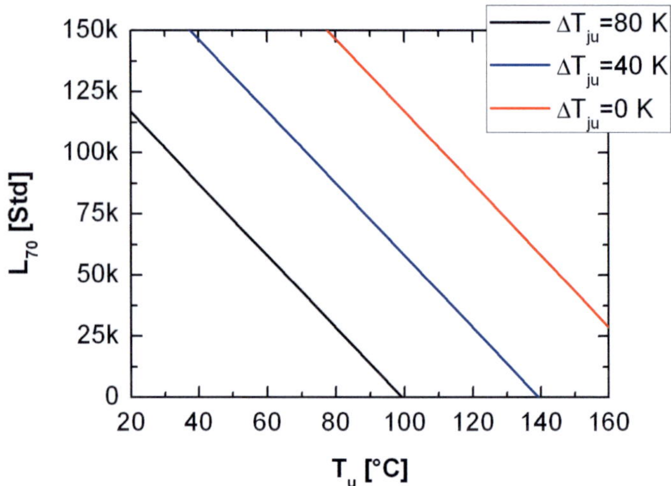

Abbildung 4.3.: L_{70}-Wert von I=0,7 A in Abhängigkeit von der Umgebungstemperatur für verschiedene ΔT_{ju}. Ein Wert von ΔT_{ju}=0 °C ist nicht zu realisieren und entspricht der Abhängigkeit von der Chiptemperatur aus Abbildung 4.1b.

Resultierend können die in Abschnitt 4.1 bestimmten L_{70}-Werte in Abhängigkeit der Umgebungstemperatur angegeben werden. Die sich um den Wert ΔT_{ju} verschiebenden L_{70}-Werte sind in Abbildung 4.3 am Beispiel von drei Temperaturdifferenzen zu sehen ist. Die L_{70}-Kurve mit ΔT_{ju}=0 °C entspricht der Auftragung über der Chiptemperatur und ist nur zur Veranschaulichung hinzugefügt, da eine verschwindende Temperaturdifferenz ein physikalisch nicht zu realisierendes Ergebnis darstellt.

Diese Lösung kann direkt auf Multichip-Systeme übertragen werden, wenn der L_{70}-Wert aus dem Lichtstrom des Temperaturmittelwerts T_j bestimmt wird. Soll der L_{70}-Wert jedoch aus der Summe über die Einzeltemperaturen berechnet werden, müssen die einzelnen Chiptemperaturen bestimmt werden. Die Einzeltemperaturen lassen sich mit der in Abschnitt 3.1.2 beschriebenen thermographischen Methode zur Oberflächentemperaturverteilung in Kombination mit dem Temperaturdifferenzmittelwert ΔT_{ju} messen. Da nach Gleichung 3.5 die gemessenen Mischtemperaturen $T_{\mathrm{m},i}$ direkt den Temperaturdifferenzen der einzelnen LEDs entsprechen, können die jeweiligen Temperaturdifferenzen $T_{\Delta j,i}$ zum Mittelwert dieser Einzeltemperaturen folgendermaßen bestimmt werden:

$$T_{\Delta j,i} = T_{m,i} - \frac{1}{n} \sum_{k=1}^{n} T_{m,k} \tag{4.28}$$

Da der Mittelwert der einzelnen LEDs genau die Temperaturdifferenz zur Umgebungstemperatur ΔT_{ju} ist, kann die Temperatur jeder einzelnen LED aus den Gleichungen 4.26 und 4.28 berechnet werden:

$$T_{j,i} = T_{\Delta j,i} + \Delta T_{ju} + T_u \tag{4.29}$$

Dementsprechend wird ein Multichip-System von zwei Messgrößen charakterisiert: Der Temperaturdifferenz der einzelnen LEDs $T_{\Delta j,i}$ und der Temperaturdifferenz des Mittelwerts aller LEDs zur Umgebungstemperatur ΔT_{ju}.

Allerdings muss auch für ein Multichip-System eine maximale Umgebungstemperatur bestimmt werden. Da keine LED des Multichip-Systems die maximale Chiptemperatur überschreiten soll, richtet sich die maximale Umgebungstemperatur nach dem wärmsten LED-Chip und kann unter Verwendung des Abstand der wärmsten LED zum Temperaturmittelwert $T_{\Delta j,w}$ folgendermaßen berechnet werden:

$$T_{u,max} = T_{j,max} - \Delta T_{ju} - T_{\Delta j,w} \tag{4.30}$$

Nach der Vorstellung einer Methode zur Bestimmung der Lebensdauer von LEDs im System in Abhängigkeit der Umgebungstemperatur, soll die Durchführung einer solchen Lebensdauerprognose anhand von zwei Beispielsystemen veranschaulicht werden.

4.3. Erstellen einer Lebensdauerprognose von LEDs im System

Im Anschluss wird gezeigt, wie die Lebensdauer von zwei Beispielsystemen prognostiziert wird. Dafür wird nach der Vorstellung der LED-Systeme die Temperaturdifferenz ΔT_{ju} der Systeme einmal vollständig und einmal vereinfacht bestimmt werden. Im Anschluss an diese Messungen werden die von der Umgebungstemperatur abhängigen L_{70}-Werte berechnet und daraus eine Prognose der Lebensdauer abgeleitet.

4.3.1. Die LED-Systeme

Die beiden Beispielsysteme sollen verschiedene technische Ausführungen abdecken. Aus diesem Grund wird einerseits ein Singlechip-System betrachtet, dessen Lebensdauer bei unterschiedlichen Betriebsströmen analysiert wird. Andererseits wird ein Multichip-System vermessen, bei dem im System unterschiedliche Chiptemperaturen auftreten. Beim Multichip-System bleibt dafür der Betriebsstrom konstant auf dem vom EVG voreingestellten Wert.

Singlechip-System

Das Singlechip-System ist konstruiert, um die Messmethode zu veranschaulichen und sich außerdem komfortabel im Labor verwendet zu lassen. Es besteht aus einer weißen LED, die bereits vom Hersteller auf eine Metallkern-Starplatine gelötet ist. Diese Starplatine wird auf einen Kühlkörper geschraubt, in den unterhalb der Starplatine ein Messfühler angebracht wird. Die Temperatur an diesem Messfühler dient in der Kalibrierungsmessung als Bezugstemperatur, in deren Abhängigkeit die LED-Spannung gemessen wird. Der eigentliche Kühlkörper besteht aus einem klassischen Kühlkörper, der durch einen Metallschaft verlängert wird, damit die LED für die optische Messung in den Eingang der U-Kugel passt. Zwischen Kühlkörper und Metallschaft befindet sich ein Peltierelement, welches einerseits zur Kalibrierung verwendet wird und andererseits im ausgeschalteten Zustand in der thermischen Messung zu einer weiteren Erhöhung des thermischen Widerstands führt[5]. Zur besseren Stabilität der Kabel und der Realisierung eines lichtundurchlässigen Anschlusses an die U-Kugel ist der Metallschaft mit einer Kunststoffhülle umgeben. Der Aufbau des Singlechip-Systems ist in Abbildung 4.4a zu sehen.

Elektrisch wird das Singlechip-System über eine externe Stromquelle betrieben, die einen konstanten Betriebsstrom I_S bereitstellt. Die Lebensdauer wird für die Ströme 350 mA, 700 mA und 1 A bestimmt.

MULTICHIP-SYSTEM

Als Multichip-System wird ein kommerziell erhältliches Light-Engine-System gewählt, dass auch im Alterungstest in Kapitel 6 untersucht wird. Das Multichip-System ist nur aus vom Hersteller spezifizierten Komponenten zusammengestellt, um im Gegensatz zum Singlechip-System ein kommerziell erhältliches LED-System zu bewerten. Das Light-Engine-Modul an sich besteht aus 16 blauen LEDs, die auf einer Isolationslage angebracht sind. Die Isolationslage ist mit einer

---

[5]Die künstliche Vergrößerung des thermischen Widerstands ist in der Konstruktion eines LED-Systems ein Beispiel für schlechtes thermisches Design und kann oft zu verfrühten Ausfällen führen. Im Gegensatz dazu ist der höhere thermische Widerstand dieses Beispielsystems erwünscht, um die Auswirkung hoher Temperaturdifferenzen zu demonstrieren.

(a) Das Singlechip-System

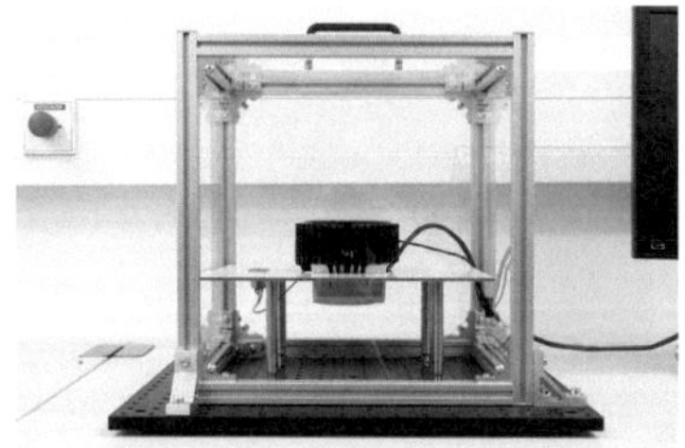

(b) Das Multichip-System

Abbildung 4.4.: a) Das Singlechip-System besteht aus einer weißen LED, die auf einem Kühlkörper angebracht ist. b) Das Multichip-System mit Kühlkörper ist zur Halterung auf einer Aluminiumverbundplatte angebracht und befindet sich in der Messumgebung der thermischen Messung.

Aluminiumplatte verbunden, deren Unterseite die Kühlfläche zur Entwärmung des Moduls bildet. Das weiße Licht wird durch eine Schicht gelben Remote Phosphors erzeugt, der im Rahmen des Moduls angebracht ist.

Zur Entwärmung über die Kühlfläche ist das LED-Modul auf einen für dieses Modul konstruierten Kühlkörper geschraubt, der durch einen Jetlüfter aktiv gekühlt wird. Das mitgelieferte EVG versorgt sowohl die LEDs als auch den Lüfter. Zur Kontrolle wird zwischen Kühlfläche und Kühler ein Kontaktfühler mit Wärmeleitkleber befestigt. Das Multichip-System ist in Abbildung 4.4b zu sehen.

4.3.2. Bestimmung der Temperaturdifferenz ΔT_{ju}

Zur Bestimmung der Temperaturdifferenz ΔT_{ju} werden zwei unterschiedliche Herangehensweisen gewählt. Für das Singlechip-System wird die optische Effizienz für jeden betrachteten Betriebsstrom bestimmt und bei einem Betriebsstrom der thermische Widerstand gemessen. Daraus lassen sich für alle Betriebsströme die Temperaturdifferenzen ΔT_{ju} berechnen.

Beim Multichip-System wird die Temperaturdifferenz beim Betriebsstrom des EVGs gemessen und weiterhin die Temperaturdifferenz jedes einzelnen LED-Chips zum Temperaturmittelwert bestimmt.

MESSUNG DER OPTISCHEN EFFIZIENZ

Zur Messung der optischen Effizienz des Singlechip-Systems wird im thermisch stabilen Zustand der Strahlungsfluss der LED bei den Strömen 0,35 A, 0,7 A und 1 A sowie 0,01 A[6] gemessen. Die Messung des Spektrums, aus dem der Strahlungsfluss berechnet wird, wird mit dem Mini-Array-Spektrometer MAS 40 mit vorgelagerter U-Kugel durchgeführt [40]. Die LED wird in der dafür vorgesehenen Öffnung auf die Höhe des Randes der U-Kugel platziert, so dass der Strahlungsfluss in einer 2π-Anordnung gemessen wird. Der Aufbau für diese Messung kann in Abbildung 4.5 betrachtet werden.

Elektrisch wird die LED während der Messung über eine Stromquelle mit konstantem Betriebsstrom versorgt und parallel die LED-Spannung gemessen. Die resultierenden Spektren für die Ströme 0,35 A, 0,7 A und 1 A sind in Abbildung 4.6 zu sehen. Die gemessenen elektrischen sowie die berechneten optischen Größen sind in Tabelle 4.3 aufgeführt.

Nach Beschreibung der optischen Messung werden im Anschluss die Ergebnisse der Messung der Temperaturdifferenz zwischen LED und Umgebungsluft vorgestellt.

---

[6]Der Strahlungsfluss bei 0,01 A wird zur Korrektur in der Berechnung des thermischen Widerstands benötigt.

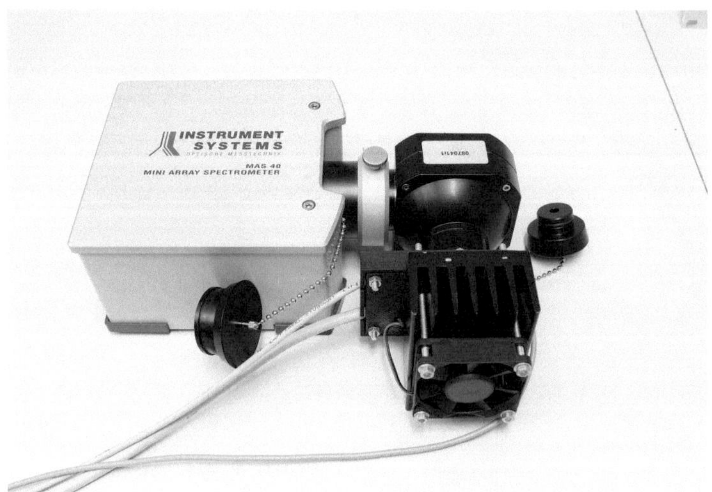

Abbildung 4.5.: Spektrometer MAS 40 mit vorgelagerter U-Kugel, in der sich das Singlechip-System befindet.

MESSUNG DER TEMPERATURDIFFERENZ ΔT_{ju}

Die Änderung der Chiptemperatur wird über die Messung der Spannung der LED bestimmt. Dafür muss zunächst in einer Kalibrierung die temperaturabhängige Änderung der Spannung gemessen werden. Zur Kalibrierung der beiden LED-Systeme wird das in Abschnitt 3.1.3 beschriebene Verfahren verwendet. Beim Singlechip-System wird die LED mithilfe des eingebauten Peltierelements kalibriert. Als Bezugstemperatur dieser Kalibrierung dient die Temperatur des Messfühlers, der sich unterhalb der Starplatine befindet. Als Ergebnis der Kalibrierung beim Messstrom von I_M=10 mA ergibt sich eine Sensitivität von m_{S1}=1,22 $\frac{mV}{K}$.

Das Multichip-System wird in einer Klimakammer kalibriert. Als Bezugstemperatur in der Klimakammer dient der Messfühler, der mit Wärmeleitkleber an die Aluminium-Kühlfläche des Moduls geklebt

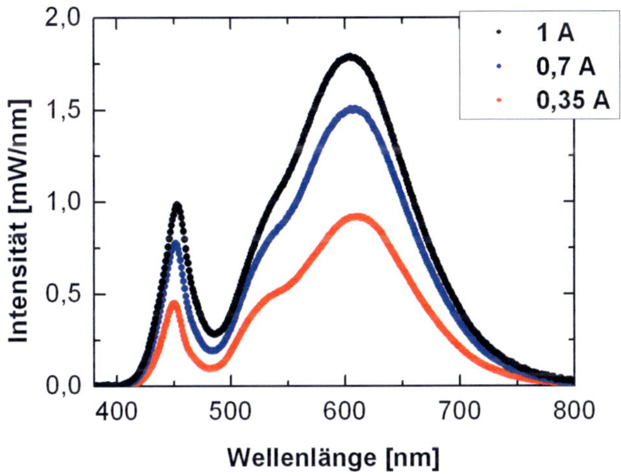

Abbildung 4.6.: Spektrum des Singlechip-Systems bei den Betriebsströmen 350 mA, 700 mA und 1 A.

ist. Bei einem Messstrom von I_M=1 mA wird eine Sensitivität von m_{S2}=27,1 $\frac{mV}{K}$ ermittelt. Die Ausgleichsgeraden und die Messwerte der Kalibrierungsmessung sind in Abbildung 4.7 zu sehen.

Beim Vergleich der Sensitivität der beiden LED-Systeme zeigt sich, dass die Sensitivität vom Multichip-System deutlich über der des Singlechip-Systems liegt. Diese Differenz folgt aus der Messanordnung. Bei der Messung der Spannungsänderung des Multichip-Systems werden 16 LEDs in Reihe gemessen, weshalb sich die 16 Spannungsänderungen der einzelnen LEDs addieren. Nach der Durchführung der Kalibrierung kann die eigentliche Temperaturmessung der beiden Systeme erfolgen.

Für das Singlechip-System ist die optische Effizienz aus der optischen Messung bekannt. Deshalb genügt eine Messung bei einem beliebigen Heizstrom, um daraus den thermischen Widerstand des LED-Systems

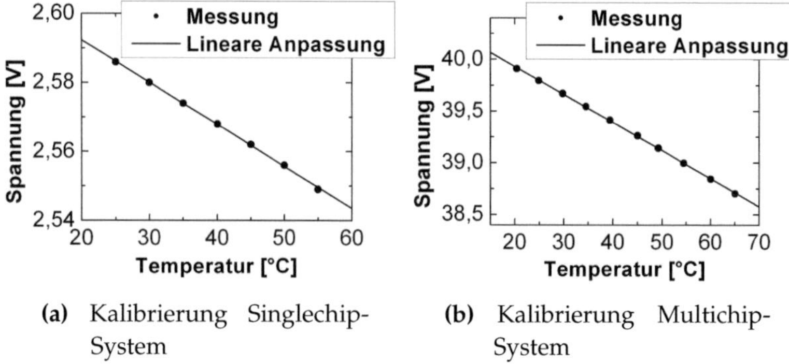

(a) Kalibrierung Singlechip-System

(b) Kalibrierung Multichip-System

Abbildung 4.7.: Messung der Temperaturabhängigkeit der Spannung zur Kalibrierung der Messung zur Chiptemperatur.

bestimmen zu können. Aus dem thermischen Widerstand und der optischen Effizienz kann anschließend die Chiptemperatur für alle Betriebsströme berechnet werden. Zu Vermessung des Singlechip-Systems werden die Ströme I_M=10 mA und I_H=350 mA verwendet, was für 350 mA eine Temperaturdifferenz ΔT_{ju}=31,3 °C ergibt. Daraus lässt sich mithilfe der elektrischen Leistung und der optischen Effizienz ein thermischer Widerstand von R_{ju}=34,9 $\frac{K}{W}$ berechnen. Mit diesem thermischen Widerstand[7] und den dazugehörigen optischen Effizienzen lassen sich die Temperaturerhöhungen für beliebige Betriebsströme berechnen, was in Tabelle 4.3 zusammengefasst wird.

Für das Multichip-System wird die optische Leistung nicht gemessen. Dementsprechend muss der Heizstrom dem Betriebsstrom entsprechen, den das EVG liefert. Außerdem soll nach Gleichung 3.24

---

[7]Die leicht veränderte Konvektion aufgrund unterschiedlicher Differenzen der Kühlkörpertemperaturen wird vernachlässigt, das der Wärmeübergangskoeffizient nur in der vierten Wurzel von der Änderung der Temperaturdifferenz zwischen Kühlkörper und Fluid abhängt [20].

Tabelle 4.3.: Ergebnisse der Messung der Temperaturerhöhung des Singlechip-Systems für verschiedene Betriebsströme. Die Temperaturdifferenzen bei 700 mA und 1 A sind aus dem bei 350 mA bestimmten thermischen Widerstand berechnete Werte.

I [A]	U [V]	Φ_e [mW]	η [%]	R_{ju} $[\frac{K}{W}]$	ΔT_{ju} [°C]
0,01	2,584	4,0	15,6	34,9	0,02
0,35	2,958	142	13,7	34,9	31,3
0,7	3,139	234	10,7	34,9	68,5
1	3,251	287	8,8	34,9	103,4

der Messstrom möglichst klein sein, weshalb für die Messung des Multichip-Systems die Ströme I_M=1 mA und I_H=610 mA verwendet werden, woraus eine Temperaturdifferenz von ΔT_{ju}=59,7 °C bestimmt wird. Die zeitaufgelösten Temperaturmessungen des Singlechip- als auch des Multichip-Systems sind in linearer sowie logarithmische Auftragung sind in Abbildung 4.8 zu sehen.

Für das Multichip-System wird mit ΔT_{ju} der Temperaturmittelwert der 16 einzelnen LEDs gemessen. Da im Aufbau des Multichip-Systems deutlich zwischen inneren und äußeren LEDs unterschieden werden kann, werden Temperaturunterschiede zwischen den LEDs erwartet. Deshalb wird im Anschluss die Verteilung der Chiptemperaturen gemessen, um die Lebensdauererwartung präziser berechnen zu können.

MESSUNG DER TEMPERATURVERTEILUNG $T_{\Delta j,i}$

Zur Messung der Temperaturverteilung zwischen den LEDs im Multichip-System wird das LED-System im thermisch stabilen Zustand betrieben und mit dem Infrarot-Kamera-Messsystem Image-

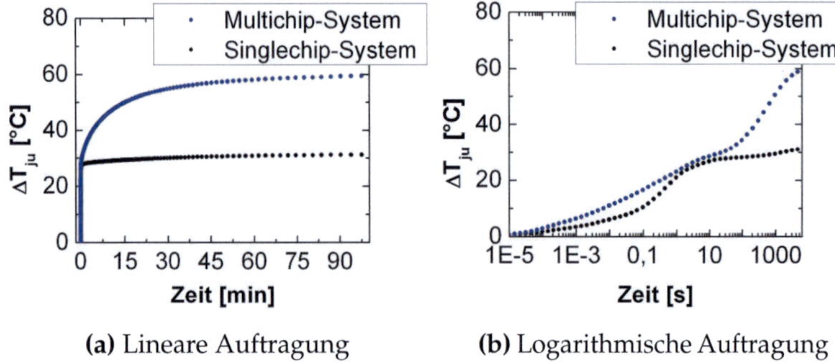

(a) Lineare Auftragung   **(b)** Logarithmische Auftragung

Abbildung 4.8.: Zeitaufgelöste Messung der Temperaturerhöhung vom Singlechip- und vom Multichip-System. In der linearen Auftragung a) kann im Gegensatz zur logarithmischen Auftragung b) ein Großteil der Temperaturänderung nicht aufgelöst werden.

IR 8380 von InfraTec vermessen [32]. Das Messergebnis wird in Falschfarben-Darstellung und als Balkendiagramm in Abbildung 4.9 gezeigt.

Die Temperaturverteilung zeigt das erwartete Verhalten, dass die inneren LEDs in der Regel wärmer sind als die LEDs, die eher in den Randbereichen liegen. Bei der Auswertung der Messergebnisse muss beachtet werden, dass die in Abbildung 4.9a gezeigten Temperaturwerte nicht die Chiptemperaturen sind. Die bestimmten Temperaturen entsprechen den Mischtemperaturen zwischen den Temperaturen der LEDs und der Optik. Dementsprechende kann als Ergebnis der IR-Messung aus den gemessenen Mischtemperaturen nach Gleichung 4.28 nur die Abweichung der einzelnen Chiptemperaturen vom Temperaturmittelwert $T_{\Delta j,i}$ bestimmt werden. Die berechneten Werte sind der Größe nach geordnet als Balkendiagramm in Abbildung 4.9b zu sehen.

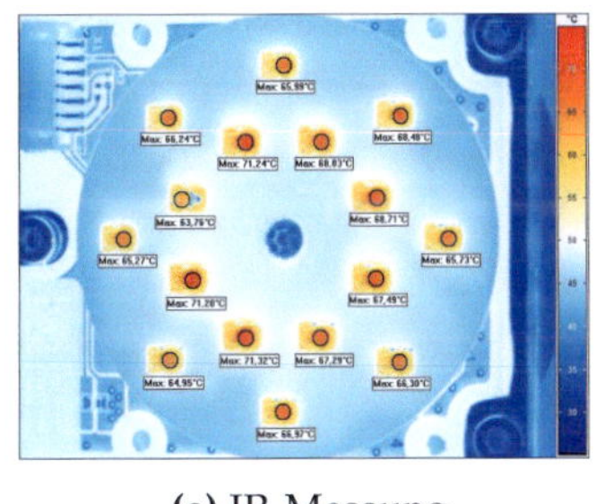

(a) IR-Messung

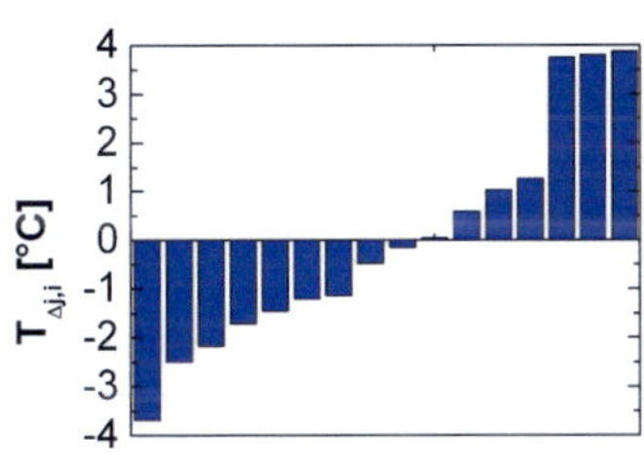

(b) Resultierende Temperaturverteilung

Abbildung 4.9.: a) Messung der Temperaturverteilung im Multichip-System mit einer IR Kamera. b) Resultierende Temperaturabweichungen vom Temperaturmittelwert $T_{\Delta j,i}$.

Als Resultat zeigt sich, dass der Temperaturunterschied zwischen der wärmsten und der kältesten LED 7,6 °C beträgt und die wärmste LED $T_{\Delta j,w}$=3,9 °C über der durchschnittlichen Chiptemperatur[8] liegt. Damit sind für das Multichip-System alle Chiptemperaturen in Abhängigkeit der Umgebungstemperatur bekannt, weshalb im Anschluss für beide LED-Systeme eine Prognose der Lebensdauer in Abhängigkeit der Umgebungstemperatur angegeben werden kann.

4.3.3. RESULTIERENDE LEBENSDAUERPROGNOSE

Nach der Messung der Temperaturdifferenz ΔT_{ju} kann für die beiden LED-Systeme ein L_{70}-Wert in Abhängigkeit der Umgebungstempe-

---

[8]Die durchschnittliche Chiptemperatur ist in der thermographischen Messung nur ein relativer Wert, der zur Normierung nicht benötigt wird und bei Bedarf aus der gemessenen Temperaturdifferenz zwischen LED und Umgebungsluft ΔT_{ju} und der Umgebungstemperatur berechnet werden kann.

ratur berechnet werden. Zu diesem Zweck werden die Hersteller-angaben aus dem IESNA LM-80 Testreport auf die Messergebnisse übertragen, wobei für das Multichip-System eine Interpolation der inversen Zeitkonstanten zwischen den Messwerten für 500 mA und 700 mA durchgeführt wird [10].

LEBENSDAUER DES SINGLECHIP-SYSTEMS

Zunächst wird das Singlechip-System in Abhängigkeit der drei Be-triebsströme 350 mA, 700 mA und 1 A bewertet. Dabei wird zunächst überprüft, welche maximale Umgebungstemperatur für die einzel-nen Betriebsströme angegeben werden muss. So ist laut Datenblatt die maximalen Chiptemperatur der LED im Singlechip-System 150 °C [26], woraus folgt, dass das Singlechip-System bei einem Betriebsstrom von 350 mA noch bis zu einer Umgebungstemperatur von 118,7 °C betrieben werden darf. Für die höheren Betriebströme verringert sich die maximale Umgebungstemperatur auf $T_{u,max}$=81,5 °C bei 700 mA und $T_{u,max}$=46,6 °C bei 1 A. Daraus lässt sich ersehen, wie sich durch den Betriebsstrom die Abhängigkeit von möglichen Umgebungstem-peraturen deutlich verändert.

Neben den Maximaltemperaturen können sich für die verschiedenen Betriebsströme die L_{70}-Werte in Abhängigkeit der Umgebungstempe-ratur bestimmt werden. Für den Betriebsstrom von 350 mA können aufgrund der negativen inversen Zeitkonstanten für die meisten Um-gebungstemperaturen keine endlichen L_{70}-Werte berechnet werden. Einzig für eine Umgebungstemperatur von 105,5 °C lässt sich ein L_{70}-Wert von ca. 89.000 Stunden angeben, weshalb auf eine L_{70}-Kurve für den Betriebsstrom von 350 mA verzichtet wird. Für die Betriebs-ströme von 700 mA und 1 A können dagegen L_{70}-Geraden bestimmt

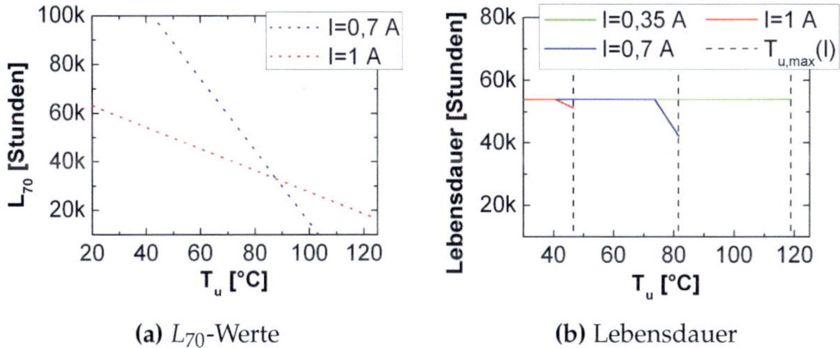

(a) L_{70}-Werte

(b) Lebensdauer

Abbildung 4.10.: Bewertung der Lebensdauer des Singlechip-Systems. a) Für die Betriebsströme 700 mA und 1 A sind die L_{70}-Werte in Abhängigkeit von der Umgebungstemperatur aufgetragen. b) Aus den L_{70}-Werten wird die Lebensdauer der LEDs abgeleitet, die für maximal 54.000 Stunden und nur bis zum Erreichen der maximalen Umgebungstemperatur $T_{u,max}$ angegeben werden darf.

werden, die in Abhängigkeit von der Umgebungstemperatur in Abbildung 4.10a zu sehen sind.

Allerdings dürfen die meisten L_{70}-Werte nicht als Lebensdauer der LEDs im System angegeben werden, da die Gültigkeit der Extrapolation an 54.000 Stunden[9] endet. Somit werden alle L_{70}-Werte, die größer als 54.000 Stunden sind, als eine Lebensdauer von 54.000 Stunden angegeben. Außerdem dürfen die L_{70}-Werte nicht bei Chiptemperaturen oberhalb von $T_{j,max}$ verwendet interpoliert werden, weshalb eine Lebensdauerangabe oberhalb der maximalen Umgebungstemperatur nicht mehr zulässig ist. Die somit aus den L_{70}-Werte abgeleiteten Lebensdauern sind in Abbildung 4.10b zu sehen.

---

[9]Der Schwellenwert von 54.000 Stunden hängen von der Messlänge von 9.000 Stunden des Chipherstellers ab und gelten für die im Test verwendeten LEDs. Die Lebensdauer von maximal 54.000 Stunden ist also von der Messlänge abhängig.

Lebensdauer des Multichip-Systems

Für das Multichip-System kann auch zunächst die maximale Umgebungstemperatur bestimmt werden. Die maximal zulässige Umgebungstemperatur nach Gleichung 4.30, die dem Erreichen der maximalen Chiptemperatur der wärmsten LED des Systems entspricht, beträgt 86,4 °C. Der Vollständigkeit halber lässt sich für die Umgebungstemperatur ein Intervall zwischen 86,4 °C und 94 °C angeben, an denen immer mehr LEDs ihre maximale Chiptemperatur erreichen, während oberhalb von 94 °C alle LEDs des Systems außerhalb ihrer Spezifikation betrieben werden.

Neben den maximalen Temperaturen können außerdem die L_{70}-Werte für das Multichip-System berechnet werden. In dem Fall sollen wiederum alle L_{70}-Werte aus Ungleichung 4.11 berechnet werden, was der Lichtstromdegradation abhängig von der Temperatur des Mittelwerts T_j, der wärmsten LED $T_{j,w}$ und dem Mittelwert des Lichtstroms aller LEDs Φ_{Mw} entspricht. Die resultierenden L_{70}-Werte sind in Abbildung 4.11 zu sehen und bestätigen die Annahme aus Ungleichung 4.11, dass die L_{70}-Wert des Temperaturmittelwerts in guten Näherung dem Mittelwert alles LEDs entspricht.

Die daraus folgende Lebensdauerangabe unterliegt den gleichen Beschränkungen wie die Angaben des Singlechip-Systems, weshalb die Lebensdauerangaben ebenfalls durch den Maximalwert von 54.000 Stunden sowie $T_{u,max}$ beschränkt werden.

Die Messungen in den Beispielsystemen zeigen, wie aus thermischen Messung frühzeitig schnell eine Lebensdauerprognose für die LEDs im System erstellt werden kann. Diese Lebensdauerprognose lässt sich übersichtlich in einem Graphen über der Umgebungstemperatur darstellen, der sich in drei Bereiche einteilen lässt. Der erste Teil bei niedrigen Umgebungstemperaturen liegt im Bereich der maximal

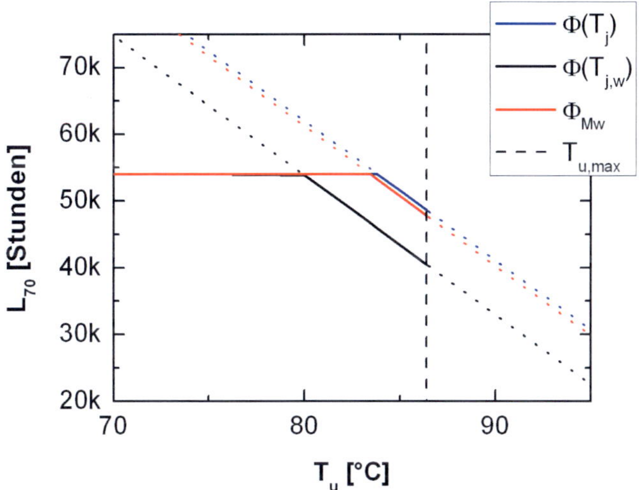

Abbildung 4.11.: Gestrichelt eingezeichnet sind die L_{70}-Werte des Multichip-Systems für den Temperaturmittelwert der LEDs $\Phi(T_j)$, die wärmste LED $\Phi(T_{j,w})$ und den Mittelwert der Lichtstromdegradation Φ_{Mw}. Bei der Übernahme der L_{70}-Werte zur Lebensdauer muss die maximale Zeit von 54.000 Stunden und $T_{u,max}$ beachtet werden, über die hinausgehend keine Prognosen zulässig sind.

zulässigen Lebensdauer. Wird ein LED-System in diesem Bereich betrieben, ist die erwartete Lebensdauer der LEDs so groß, dass ein kleine Änderung der Umgebungstemperatur keine spürbaren Einfluss haben sollte. Der zweite Teil beschreibt den Bereich, in dem die L_{70}-Werte als Lebensdauer angegeben werden dürfen. Wird ein LED-System bei diesen Umgebungstemperaturen betrieben, wirken sich Änderungen der Umgebungstemperatur auf die Lebensdauer aus, sind aber noch abzuschätzen. Wird dagegen ein LED-System oberhalb der maximalen

Umgebungstemperatur betrieben, was dem dritten Bereich entspricht, kann keine Garantie für die LEDs übernommen werden.

Nach dem Erstellen einer Lebensdauerprognose anhand der zwei Beispielsysteme wird im Anschluss das Verfahren zur Bestimmung der Lebensdauer von LEDs im System nochmal hinsichtlich seiner Stärken und Schwächen analysiert.

4.4. DISKUSSION

Mit der Methode zum Transfer der Lebensdauerprognose von LEDs ins System besteht die Möglichkeit, die Lebensdauer von LEDs im System zu prognostizieren, ohne das LED-System einer langen Alterung zu unterziehen. Um die Lebensdauer der LEDs ins System zu übertragen, sind drei Schritte notwendig.

Zu Beginn muss ein objektives Kriterium festgelegt werden, wie die Lebensdauer eines LED-Systems definiert ist. In dieser Arbeit wird das in Abschnitt 2.1.2 beschriebene $L_{70}B_{50}$-Kriterium zur Definition der Lebensdauer des LED-Systems verwendet, wobei die Methode auch auf andere Kriterien angepasst werden kann. Auf dieser Lebensdauerdefinition basierend können die L_{70}-Werte des Summe der LEDs bestimmt werden, was der Lebensdauer der LEDs in System in Abhängigkeit der Chiptemperatur entspricht. Die L_{70}-Werte der einzelnen LEDs müssen aus Datenblättern übernommen werden, wobei den Datenblättern Alterungstests auf Seiten der Chiphersteller zugrunde liegen. Daraus folgt ein L_{70}-Wert für ein LED-System in Abhängigkeit eines konstanten Betriebsstroms und einer variablen Chiptemperatur.

Im zweiten Schritt wird die Temperaturdifferenz zwischen Chip und Umgebungsluft ΔT_{ju} für das LED-System bei einem festen Betriebsstrom bestimmt. In diesem Schritt kann der L_{70}-Wert in eine Lebensdauer der LEDs im System übertragen werden. Die Lebensdauer hängt in dem Fall von der Umgebungstemperatur ab und teilt sich in die Bereiche eines maximalen Lebensdauerwerts, der Gültigkeit des L_{70}-Wertes und der Umgebungstemperatur oberhalb von $T_{u,max}$ ein.

Daraus folgt im dritten Schritt die Kommunikation mit dem Anwender. In diesem Schritt muss die komplexe Thematik der Prognose einer Lebensdauer einem Anwender, der nicht notwendiger Weise ein Fachmann ist, verständlich gemacht werden. In diesem Zusammenhang sollte besonders die maximale Umgebungstemperatur herausgestellt werden, sowie die Auftragung der Lebensdauer der LEDs im System über die Umgebungstemperatur. Diese Graphen sollten ebenfalls die maximale Umgebungstemperatur als Endwert aller seriösen Lebensdauerprognosen enthalten.

Der Fokus im Erstellen der Methode der Lebensdauerprognose liegt in dieser Arbeit auf den ersten beiden Schritten, weshalb diese nochmals besonders betrachtet werden. Die erstellte Lebensdauerprognose basiert auf Herstellerangaben zur Lebensdauer der Einzelchips für diskrete Werte des Betriebsstroms und der Chiptemperatur. Um diese Angaben in ein LED-System übertragen zu können, wird zwischen den diskreten Werten interpoliert, deren Unsicherheiten nicht bekannt sind. Weiterhin muss bei der Umrechnung der Löt- auf die Chiptemperatur einer Herstellerangabe verwendet werden, deren Unsicherheit ebenfalls unbekannt ist. Darüber hinaus wäre auch eine Angabe zur Wahrscheinlichkeit eines Totalausfalls wünschenswert, um die Prognose der Lebensdauer der LEDs im System weiter präzisieren zu können. Somit liegt die Qualität des ersten Schritts größtenteils in der Hand der Chiphersteller.

Im zweiten Schritt geht die Messung der Temperaturdifferenz ΔT_{ju} von einem festen Betriebspunkt aus, was gleichbedeutend mit einem konstanten Betriebsstrom ist. Der konstante Betriebsstrom wird von einem EVG geliefert, dessen Degradation in einer Partnerarbeit untersucht wird. Falls die Degradation des EVGs größere Stromabweichungen beinhaltet, müsste die Methode um eine zeitabhängige Temperaturdifferenz erweitert werden.

Zur Interpretation der Gesamtlebensdauer des LED-Systems müssen neben der Lebensdauer der LEDs ebenfalls die Ausfälle des EVGs, der Optik, der elektrischen Verbindungen oder Ausfälle aufgrund mechanischer Beeinträchtigungen getrennt bewertet und in einer abschließenden Prognose vereinigt werden. Bei dieser Gesamtprognose sollte in jedem Fall darauf geachtet werden, die Lebensdauer immer auf eine Abhängigkeit von der Umgebungstemperatur zurückzuführen, da auch die Alterung dieser Bauteile ebenfalls temperaturabhängig ist [45, 15].

Nach der Vorstellung und Diskussion der Methode zum Transfer der Lebensdauerprognose von LEDs ins System wird mit einem Alterungstest eine zweite Methode zur Lebensdauerprognose erörtert. Da für den Alterungstest sehr präzise Lichtstrommessungen notwendig sind, wird zunächst im nächsten Kapitel die eigens für den Alterungstest entwickelte Methode zur analytischen Beschreibung der Stabilisierung von LED-Systemen erläutert.

KAPITEL 5

METHODE ZUR ANALYTISCHEN BESCHREIBUNG DER STABILISIERUNG VON LED-SYSTEMEN

Die Langzeitdegradation des Lichtstroms von LED-Systemen soll in einem Alterungstest bestimmt werden. Dafür werden zehn System a 20 Muster gealtert und die Funktionsfähigkeit durch regelmäßige Lichtstrommessungen überprüft. Um in diesen Wiederholungsmessungen des Alterungstests die Änderung des Lichtstroms präzise messen zu können, muss der Einfluss der reversiblen thermischen Degradation auf den Lichtstrom des LED-Systems eliminiert werden. Aus diesem Grund muss die Messung des Lichtstroms im thermisch stabilen Zustand des LED-Systems durchgeführt werden. Zur Bestimmung dieses Zustandes werden zunächst zwei Normverfahren vorgestellt, die allerdings zu sehr unterschiedlichen Stabilisierungszeiten kommen und keine Angabe zu möglichen Fehlern machen können. Da für die praktische Durchführung der Wiederholungsmessungen die Normen die Anforderungen an Präzision oder an die Messzeit nicht erfüllen, wird eine eigene Methode zur analytischen Bestimmung der thermischen Stabilisierung von LED-Systemen entwickelt. Diese Methode beinhaltet als Kern die sogenannte Stabilisierungsfunktion, mit der der Lichtstrom in der Phase der thermischen Stabilisierung angegeben werden kann.

Zur Herleitung der Stabilisierungsfunktion wird zunächst das Verhalten des Lichtstroms in Temperaturabhängigkeit beschrieben und danach gezeigt, wie sich die Temperatur zeitlich während der Stabilisierungsphase verändert. Mit einer geeigneten Beschränkung auf den Zeitbereich, in dem die thermische Stabilisierung stattfindet, kann aus dem zeitabhängigen Lichtstrom die dreiparametrige Stabilisierungsfunktion abgeleitet werden, die an die Messwerte des Lichtstroms in der Stabilisierungsphase angepasst werden kann. Mithilfe der Stabilisierungsfunktion kann einerseits die Lichtstrommessung verkürzt und andererseits der Fehler der thermischen Stabilisierung bestimmt werden. Anschließend an die theoretische Beschreibung der Stabilisierungsfunktion wird gezeigt, wie die Funktion an Messwerte angepasst werden kann und wie die Stabilisierung von LED-Systemen zu bewerten ist, die vor der Messung bereits betrieben werden. Zum Abschluss werden mit dem Fehlerkriterium der Stabilisierungsfunktion die Normverfahren analysiert. Als Ergebnis wird gezeigt, unter welchen Bedingungen die Normverfahren welche Fehler machen, was abschließend anhand der Messungen von LED-Systemen belegt wird.

5.1. STABILISIERUNG VON LED-SYSTEMEN

Im Anschluss werden die Anforderungen im Alterungstest an den thermisch stabilen Zustand formuliert und im Kontext dieser Anforderungen die verschiedene Methoden nach den Normen LM-79 von der IES und DIN IEC/PAS 62717 von der IEC beschrieben [46, 4].

5.1.1. STABILISIERUNGSANFORDERUNG FÜR WIEDERHOLUNGSMESSUNGEN IM ALTERUNGSTEST

Die Lebensdauer eines LED-Systems wird nach Abschnitt 2.1.2 auf die Lichtstromdegradation bis zu einem Schwellenwert von 70 % des Ausgangslichtstroms zurückgeführt. Um in einem Alterungstest diesen Zeitpunkt bestimmen zu können, wird die Methode der Lichtstromextrapolation von LEDs nach Norm TM-21 verwendet [3]. Die Methode nach TM-21 schreibt vor, dass ein System in Intervallen von 1.000 Stunden mindestens 6.000 Stunden vermessen werden soll. Um aus diesen Messwerten Aussagen über die 6.000 Stunden hinaus extrapolieren zu dürfen, soll der Test für ein betrachtetes System mit einer Stückzahl von mindestens 20 Mustern[1] durchgeführt werden.

Damit die gemessen Lichtströme auf die irreversible Langzeitdegradation und nicht auf die reversible thermische Degradation zurückzuführen sind, müssen die LED-Systeme jeweils im thermisch stabilen Zustand vermessen werden. Folglich sollte bei der Vermessung jedes Musters eine ausreichende Stabilisierungszeit eingehalten werden.

Da die LED-Systeme in einer U-Kugel vermessen werden, wird in der Durchführung der Messung für Ein- und Ausbau sowie die Messung an sich nicht viel Zeit[2] benötigt. Damit wird die Zeit, die für die Messung eines Musters verwendet wird, hauptsächlich durch die Stabilisierung der LED-Systeme in der U-Kugel dominiert.

Wenn ein Alterungstest mit vielen LED-Systemen konzipiert wird, die mit einer Stückzahl von mindestens 20 Mustern vermessen werden, können lange Stabilisierungszeiten den Test an die Grenzen der praktischen Durchführbarkeit bringen. So besteht der in Kapitel 6 beschriebene Alterungstest aus zehn LED-Systemen, was eine Gesamtmenge von 200 zu vermessenden Mustern ergibt. Werden diese Muster mit einer hypothetischen Zeit von einer Stunde stabilisiert, dauert ein Messzyklus bei einer 40 Stunden Arbeitswoche des durchführenden Lichttechnikers fünf Wochen. Da der 1.000-Stundenzyklus eine Mess-

---

[1]Ein Test darf nach TM-21 mit einer leicht eingeschränkten Aussage auch für eine Stückzahl von 10 bis 19 Mustern durchgeführt werden.

[2]Mit genügend Messroutine lassen sich Zeiten zwischen dem jeweiligen Start der Stabilisierung von weniger als fünf Minuten erreichen.

periodizität von sechs Wochen bedeutet, führt eine Stabilisierung von einer Stunde zu einem enormen personellen Aufwand. Infolgedessen bestehen für die Stabilisierung der LED-Systeme in den Wiederholungsmessungen des Alterungstests zwei sich widersprechende Anforderungen. Die Stabilisierung soll möglichst lange dauern, um den Messfehler möglichst klein zu halten, und möglichst kurz sein, um eine praktische Durchführung zu erleichtern.

Auf diese Kriterien hin werden im Anschluss zwei Normverfahren zur Stabilisierung untersucht und auf ihre Eignung in der Anwendung im Alterungstest bewertet.

5.1.2. STABILISIERUNGSVERFAHREN NACH LM-79-08

Das Stabilisierungsverfahren nach der IES funktioniert folgendermaßen [46]: Es wird alle 15 Minuten der Lichtstrom des sich gerade stabilisierenden LED-Systems gemessen. Nach einer halben Stunde sind so die ersten drei Messwerte aufgenommen, welche danach untereinander verglichen werden. Beträgt die relative Abweichung dieser drei Messwerte weniger als der tolerierte Fehler von $F_{tol}=0{,}5\,\%$, gilt das LED-System als stabil. Ist die Abweichung größer, wird nach einer Viertelstunde ein weiterer Messwert genommen. Anschließend werden die letzten drei Messwerte untereinander verglichen. Dieses Verfahren wird so lange durchgeführt, bis das erste Mal die letzten drei Messwerte den tolerierbaren Fehler einhalten oder bis zwei Stunden vergangen sind. Nach zwei Stunden bezeichnet die Norm LM-79 jedes LED-System als stabil. Mathematisch kann dieses Kriterium folgendermaßen beschrieben werden, wobei $\Phi_{max,norm}$ und $\Phi_{min,norm}$ der größte bzw. der kleinste normierte Lichtstromwert innerhalb eines 30 Minutenintervalls sind:

$$\Phi_{max,norm} - \Phi_{min,norm} < F_{tol} \qquad (5.1)$$

In der mathematischen Umsetzung dieser Definition zeigt sich allerdings eine kleine Ungenauigkeit in der Definition: In der Norm wird nicht erwähnt, in Bezug auf welchen Wert die verglichenen Werte des Lichtstroms normiert werden sollen. Als Normierungswert wird in den folgenden Berechnungen in Anlehnung an die Norm der IEC der Mittelwert aus den drei Messwerten im Betrachtungsintervall verwendet, wobei auch der kleinste oder der größte Wert möglich wären. Der Unterschied zwischen den verschiedenen Normierungen ist nicht groß, kann aber aufgrund der diskreten Schritte bei der Berechnung der Stabilisierungszeit zu Zeitunterschieden von 15 Minuten führen.

Unabhängig von der Normierung resultieren aus diesem Verfahren Stabilisierungszeiten zwischen 30 und 120 Minuten, die nur in diskreten Schritten von 15 Minuten ermittelt werden können. Wie in Abschnitt 5.4 gezeigt wird, ergeben sich aus diesem Verfahren für die LED-Systeme im Alterungstest mit 60 bis 90 Minuten sehr lange Stabilisierungszeiten, deren Messfehler aufgrund mangelnder Stabilisierung deutlich kleiner als der tolerierte Fehler ist.

Da diese hohe Wartezeit ein Problem in der Durchführbarkeit der Langzeitmessung darstellt, wird im Anschluss das Verfahren nach der IEC vorgestellt und bewertet.

5.1.3. Stabilisierungsverfahren nach DIN IEC/PAS 62717

Im Verfahren nach DIN IEC/PAS 62717 wird die Stabilisierung analog zur IES in Intervalle von 15 Minuten eingeteilt [4]. In diesem Fall soll jedoch innerhalb der letzten fünf Minuten eines Messintervalls jede Minute ein Messwert aufgenommen und diese sechs Messwerte miteinander verglichen werden. In dieser Norm wird die Normierung auf den Mittelwert der Messwerte im Betrachtungsintervall Φ_{av} sowie ein tolerierbarer Fehler von F_{tol}=1 % vorgeschrieben, woraus sich folgende Stabilisierungsbedingung ergeben:

$$\frac{\Phi_{max} - \Phi_{min}}{\Phi_{av}} < F_{tol} \qquad (5.2)$$

Aus diesem Stabilisierungsverfahren resultieren wiederum diskrete Stabilisierungszeiten als Vielfache von 15 Minuten. Außerdem ist in Analogie zur Norm der IES eine Höchstgrenze der benötigten Stabilisierungszeit angegeben, welche auf 45 Minuten bzw. drei Stabilisierungsperioden festgelegt wird.

Die Methode der IEC führt im Vergleich zum Verfahren der IES zu deutlich kürzeren Stabilisierungszeiten, was sowohl am tolerierten Fehler als auch an der Wahl des Messintervalls liegt. Aus den kurzen Stabilisierungszeiten nach dem Verfahren der IEC resultieren größere Fehler aus mangelnder thermischer Stabilisierung, die vom Normverfahren[3] auch nicht angegeben werden können.

Somit geben beide vorgestellten Methoden zur Bestimmung der Stabilisierung eine im Labor einfach umsetzbare Möglichkeit an, eine Stabilisierungszeit des zu vermessenden LED-Systems zu bestimmen. Allerdings kennen beide Verfahren das wirkliche Stabilisierungsverhalten des untersuchten LED-Systems nicht und führen deshalb entweder zu langen Stabilisierungszeiten oder zu Fehlern, die schwer abzuschätzen sind.

Aus diesem Grund wird eine neue Methode zur analytischen Beschreibung der thermischen Stabilisierung von LED-Systemen entwickelt, mit der in Abschnitt 5.4 die Stabilisierungsverfahren nach Norm analysiert werden kann. Die Stabilisierungsfunktion wird im Anschluss aus dem thermodynamischen Verhalten des LED-Systems hergeleitet.

---

[3]In Abschnitt 5.4 wird gezeigt, dass die Fehler der mangelnden Stabilisierung bei der Hälfte der bewerteten LED-Systeme größer als der tolerierte Fehler F_{tol} sind.

5.2. DIE STABILISIERUNGSFUNKTION

Die thermische Stabilisierung von LED-Systemen vor der Messung des Lichtstroms ist notwendig, da sich der Lichtstrom einer LED bei ansteigender Chiptemperatur reduziert. Diese Lichtstromreduktion wird im Folgenden untersucht und durch einen linearen Ausdruck vereinfacht, um den Lichtstrom später besser mit dem thermodynamischen Verhalten verbinden zu können. Dieses thermodynamische Verhalten des LED-Systems wird weiterhin auf eine dominierende Zeitkonstante reduziert, woraus sich dann ein einfacher Ausdruck für den Lichtstrom in der Stabilisierungsphase ergibt. Daraus wird eine Funktion abgeleitet, die den Lichtstrom in der Stabilisierungsphase bis zum Erreichen des thermisch stabilen Zustands beschreibt, welche Stabilisierungsfunktion genannt wird. Aus der Stabilisierungsfunktion wird durch Normierung ein Fehlermaß abgeleitet, woraus sich ein Verfahren zur Bestimmung einer Stabilisierungszeit herleiten lässt.

5.2.1. LICHTSTROM IN ABHÄNGIGKEIT DER TEMPERATUR

Wie in Gleichung 2.13 beschrieben wird, kann der Lichtstrom einer LED mithilfe einer empirischen Formel unter Verwendung einer charakteristischen Temperatur T_1, einer Bezugstemperatur T_b und dem Lichtstrom bei der Bezugstemperatur Φ_{T_b} beschrieben werden. Um die Lichtstromänderung in Abhängigkeit der Abweichung von der Bezugstemperatur besser analysieren zu können, werden im Folgenden die Temperaturen durch eine dimensionslose Temperaturabweichung ζ ersetzt:

$$\zeta = \frac{T - T_b}{T_1} \tag{5.3}$$

In Abhängigkeit der Temperaturabweichung erhält Gleichung 2.13 folgendes Aussehen:

$$\Phi_l(\xi) = \Phi_{T_b} e^{-\xi} \tag{5.4}$$

Bei der Analyse von Gleichung 5.4 zeigt sich, dass die Kurve nach links gekrümmt ist. Ein Linkskrümmung stimmt sehr gut mit den temperaturabhängigen Lichtstromkurven von LEDs älterer Bauart überein, was in Abbildung 5.1a gezeigt wird. Bei der Analyse der Datenblattkurven von LEDs neuerer Bauart zeigt sich ein verändertes Verhalten, was in Abbildung 5.1b für eine LED von 2011 beispielhaft zu sehen ist. Zur Beschreibung der neueren Daten kann in Analogie zu Gleichung 5.4 eine empirische Kurve mit Rechtskrümmung $\Phi_r(\xi)$ konstruiert werden, die die Messdaten neuerer LEDs beschreibt.

$$\Phi_r(\xi) = \Phi_{T_b} \left(2 - e^{\xi}\right) \tag{5.5}$$

Um diese beiden Ausdrücke für Temperaturen in der Nähe der Bezugstemperatur vereinfachen zu können, wird um den Punkt $\xi = 0$ der Lichtstrom nach Taylor entwickelt und die Taylorreihe nach dem linearen Glied beendet. Diese Entwicklung ergibt sowohl für die nach links als auch für die nach rechts gekrümmte Funktion den gleichen Ausdruck.

$$\Phi_{Taylor}(\xi) = \Phi_{T_b}(1 - \xi) \tag{5.6}$$

Deshalb wird im Anschluss das Taylorpolynom erster Ordnung als Näherung für die LEDs älterer sowie LEDs neuerer Bauart verwendet. Die Näherung des Taylorpolynoms stimmt für Temperaturen nahe der Bezugstemperatur gut mit der absoluten Beschreibung überein, während die Ausdrücke zu großen Temperaturdifferenzen divergieren. Die charakteristische Temperatur tritt dabei als Bezugsgröße auf, ab wann eine Temperaturdifferenz als groß oder klein zu bewerten ist. Das Verhalten der Lichtströme sowie des Taylorpolynoms sind in Abbildung 5.2a zu sehen.

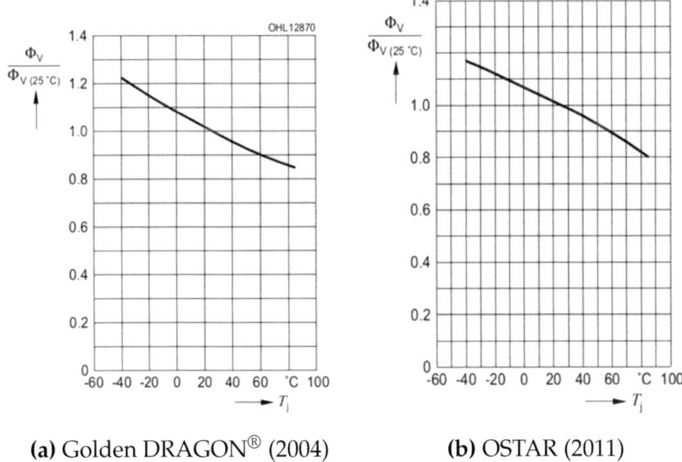

(a) Golden DRAGON® (2004)   **(b)** OSTAR (2011)

Abbildung 5.1.: Die Temperaturabhängigkeit des relativen Lichtstroms einer älteren und einer neueren weißen LED am Beispiel der Osram Golden DRAGON® (2004) und OSTAR (2011) [25, 47]. Die ältere LED weist in der Degradation eine Linkskrümmung auf, während die Degradationskurve der neueren LED nach rechts gekrümmt ist.

Um einen Grenzbereich bestimmen zu können, ab wann eine Abweichung von der Bemessungstemperatur groß oder klein ist, wird ein Fehler über die prozentualen Abweichungen der Funktionen untereinander definiert.

$$F_i(\xi) = \frac{|\Phi_i(\xi) - \Phi_{Taylor}(\xi)|}{\Phi_i(\xi)} \tag{5.7}$$

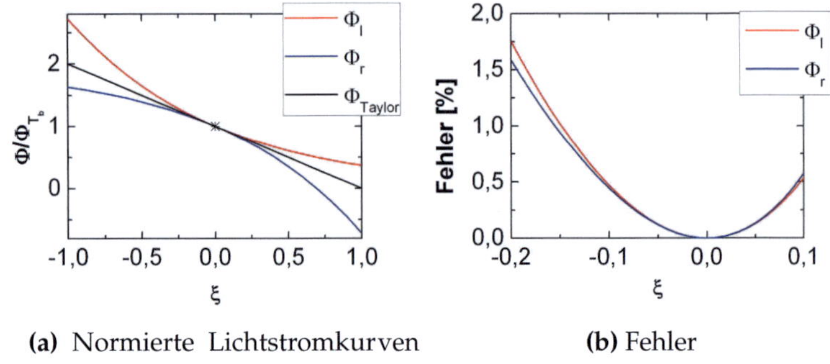

(a) Normierte Lichtstromkurven   (b) Fehler

Abbildung 5.2.: a) zeigt die auf den Lichtstrom bei der Bemessungstemperatur normierten Werte der thermischen Lichtstromabhängigkeit über der Temperaturabweichung ζ. Die Funktionswerte stimmen bei $\zeta=0$ überein. b) zeigt den Fehler, der zwischen der Linearisierung und den jeweiligen funktionalen Beschreibungen gemacht wird. Dabei sind die Werte mit negativen Temperaturabweichungen besonders interessant.

Daraus kann für beide Funktionen ein Fehler berechnet werden, der in Abhängigkeit von der Temperaturabweichung ζ in Abbildung 5.2b zu sehen ist.

$$F_l(\zeta) = \frac{|e^{-\zeta} - 1 + \zeta|}{e^{-\zeta}} \qquad (5.8)$$

$$F_r(\zeta) = \frac{|1 + \zeta - e^{\zeta}|}{2 - e^{\zeta}} \qquad (5.9)$$

Mit dieser Fehlerdefinition kann berechnet werden, dass bei Temperaturabweichung $\zeta < 0,1$ der Fehler der Linearisierung kleiner als 0,5 % ist. Da die charakteristischen Temperaturen von LEDs bei einigen hundert Kelvin liegen, folgt daraus, dass für Temperaturdifferenzen von einigen zehn Grad Celsius zur Bezugstemperatur der Lichtstrom in guter Näherung durch einen linearen Ausdruck angenähert werden kann. Folglich lässt sich der Lichtstrom als Funktion der Abweichung der Chip- von der Bezugstemperatur ΔT_{jb} berechnen.

$$\Phi(\Delta T_{jb}) = \Phi_{T_b} - m\Delta T_{jb} \tag{5.10}$$

Die in dieser Geradengleichung verwendete Steigung m hat die Einheit $\frac{lm}{K}$ und berechnet sich folgendermaßen:

$$m = \frac{\Phi_{T_b}}{T_1} \tag{5.11}$$

Nach der Herleitung eines linearen Ausdrucks des Lichtstroms in Abhängigkeit der Chiptemperatur, wird im Anschluss ein Ausdruck für die Chiptemperatur in Abhängigkeit der Stabilisierungszeit ermittelt.

5.2.2. TEMPERATUR IN DER STABILISIERUNGSPHASE

Als Stabilisierungsphase wird der Vorgang bezeichnet, in dem die Chiptemperatur die verschiedenen Werte zwischen Ausgangstemperatur und der Temperatur des thermisch stabilen Zustands durchläuft. Vor dem Einschalten des LED-Systems liegt keine Leistung an der LED an, weshalb das komplette LED-System sich mit der Umgebungstemperatur im thermischen Gleichgewicht befindet, was bedeutet, dass die Temperatur jedes Bauteils im LED-System gleich der Umgebungstemperatur ist. Nach dem Einschalten verursacht die thermische Verlustleistung in den LEDs eine Erwärmung des LED-Systems bis wieder ein thermisch stabiler Zustand vorliegt. Im neuen thermisch stabilen Zustand, der zur Verlustleistung P_{th} gehört, kann die Chiptemperatur unter Kenntnis des thermischen Gesamtwiderstandes mithilfe von Gleichung 2.31 berechnet werden.

Zur Beschreibung des zeitlichen Verhaltens der Chiptemperatur zwischen diesen Zuständen kann analog zu Kapitel 2.3.4 ein thermodynamisches RC-Netz aufgestellt werden. Die Randbedingungen des

Stabilisierungsfalls entsprechen exakt den Randbedingungen, für die in diesem Abschnitt die Differentialgleichungen 2. Ordnung gelöst wurden. Somit lässt sich die Änderung der Chiptemperatur der LED nach dem Einschalten als eine Summe von Exponentialfunktionen mit zunächst nicht näher bestimmen Widerständen R_i^* und Zeitkonstanten τ_i^* beschreiben.

$$\Delta T_j(t) = P_{th} \Sigma_i R_i^* (1 - e^{-\frac{t}{\tau_i^*}}) \tag{5.12}$$

Ein LED-System besteht in der Regel aus den gleichen Komponenten, die sich in die drei Kategorien LED, Aufbau- und Verbindungstechnik (AVT) und Kühlkörper einteilen lassen. Die Zeitkonstanten der Bauteile erstrecken sich im Mittel über viele Größenordnungen und lassen sich folgendermaßen gliedern [34]:

- LED: $\tau \approx 10^{-4}...10^{-2}$ s

- Aufbau- und Verbindungstechnik: $\tau \approx 10^{-2}...10^1$ s

- Kühlkörper: $\tau \approx 10^2...10^4$ s

Diese Struktur kann beispielhaft durch die zeitaufgelöste Messung der Chiptemperatur einer LED[4] auf einer Metallkernplatine und einem Kühlkörper aufgelöst werden, was in Abbildung 5.3a zu sehen ist. Dabei können in der logarithmischen Auftragung Regionen identifiziert werden, in denen die Chiptemperatur stärker steigt und Regionen, in denen die Temperatur sich kaum ändert. Die Regionen mit einer starken Änderung befinden sich zeitlich in der Nähe einer Zeitkonstante, da sich zu diesem Zeitpunkt die dazugehörige Exponentialfunktion stark ändert. Die Regionen mit geringen Temperaturänderungen dagegen sind zu Zeiten, in deren Bereich es keine Zeitkonstanten liegen. Deshalb ändert die Temperatur sich kaum.

Wird die Temperaturmessung jedoch mit einer Zeitauflösung im Sekundenbereich durchgeführt, was der Auflösung der Photometrie

---

[4]Z-Power P4 LED von Seoul Semiconductor

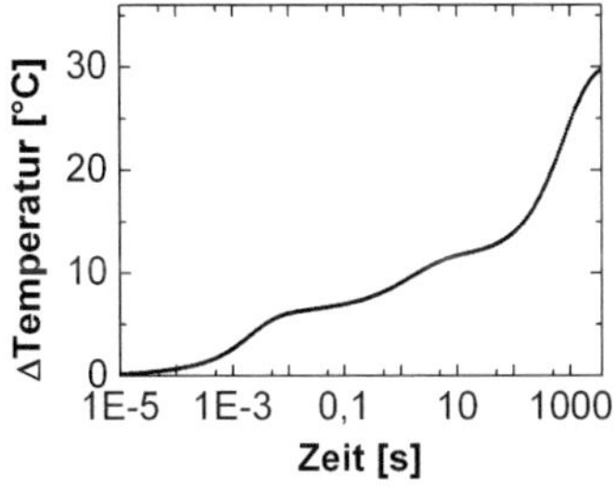

(a) Logarithmische Auftragung

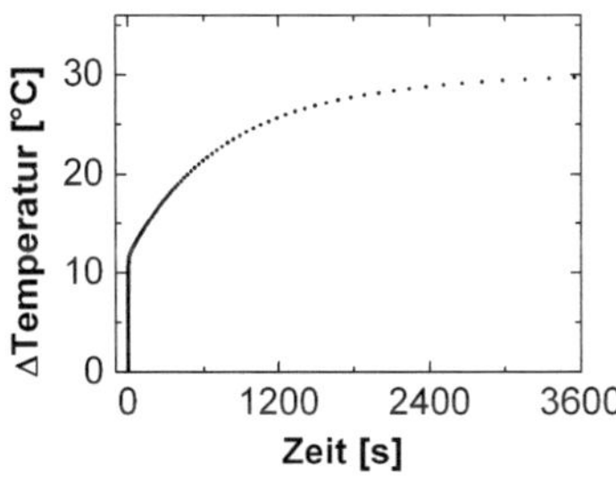

(b) Lineare Auftragung

Abbildung 5.3.: Messung der Änderung der Chiptemperatur einer Z-Power P4 LED von Seoul Semiconductor nach dem Einschalten [48]. Beide Graphen zeigen dieselbe Messung, die logarithmisch (a) und linear (b) aufgetragen ist.

entspricht, ergibt sich ein anderes Bild. In der ersten Sekunde gibt es einen sehr schnellen Temperatursprung, der den Bauteilen mit den Zeitkonstanten unter einer Sekunde entspricht und messtechnisch nicht aufgelöst wird. Danach folgt das LED-System den größeren Zeitkonstanten, was häufig nur noch der Zeitkonstante des Kühlkörpers entspricht. Dieses Verhalten wird durch die lineare Auftragung in Abbildung 5.3b veranschaulicht.

Dieses Ergebnis kann mit der Bewertung der verschiedenen Wärmekapazitäten im thermischen Pfad erklärt werden. Die restlichen Bauteile wie LEDs und Leiterplatte haben gegenüber dem Kühlkörper eine vernachlässigbare Masse, was dazu führt, dass die Wärmekapazitäten vernachlässigbar klein gegenüber der Wärmekapazität des Kühlkörpers sind. Da sich die jeweiligen thermischen Widerstände nicht in ähnlicher Größe unterschieden, ergibt sich für den Kühlkörper eine deutlich größere Zeitkonstante.

Folglich dominiert der Kühlkörper die zeitliche Beschreibung eines LED-Systems bis zum Erreichen des thermisch stabilen Zustands. Darauf basierend kann die mathematische Beschreibung vereinfacht werden, indem die Bereiche der kurzen Zeitkonstanten durch konstante thermische Widerstände ersetzt werden und nur für den Kühlkörper die zeitabhängige Beschreibung verbleibt. Mit dieser Vereinfachung kann Gleichung 5.12 für ein Beispielsystem mit drei Zeitkonstanten für die LED, die AVT und den Kühlkörper folgendermaßen formuliert werden:

$$\Delta T_j(t) = P_{th} \left[R_{LED}^* + R_{AVT}^* + R_k^* (1 - e^{-\frac{t}{\tau_k^*}}) \right] \qquad (5.13)$$

Da für diese Näherung die Bedingung der größten letzten Zeitkonstante gilt, muss keine Unterscheidung zwischen den Netzen nach Cauer und Forster gemacht werden, was in Anhang A gezeigt wird. Für die praktische Behandlung muss nicht zwischen den konstanten thermischen Widerständen unterschieden werden, weshalb alle thermischen Widerstände außer dem des Kühlkörpers durch den thermischen Widerstand R_R zusammengefasst werden können, wodurch sich Gleichung 5.13 vereinfachen und in Bezug zur Umgebungstemperatur ausdrücken lässt.

$$T_j(t) = P_{th} \left[R_R + R_k \left(1 - e^{-\frac{t}{\tau_k}} \right) \right] + T_u \qquad (5.14)$$

Eine Grenze der Gültigkeit dieser Funktion kann aus der zweitgrößten Zeitkonstante bzw. der letzten vernachlässigten Zeitkonstante abgeleitet werden, was in diesem Fall τ_{AVT} ist. Wenn somit zeitlich das Fünffache der zweitgrößten Zeitkonstanten vergangen ist, ergibt sich von dieser Zeitkonstante kein Einfluss mehr, da die dazugehörige Exponentialfunktion auf unter 1 % abgefallen ist. Infolgedessen beginnt mit t=5·τ_{AVT} spätestens der Gültigkeitsbereich von Gleichung 5.14.

Nach der Herleitung einer funktionalen Beschreibung der Temperaturabhängigkeit des Lichtstroms und der Zeitabhängigkeit der Temperatur im Stabilisierungsfall kann im Anschluss ein zeitabhängiger Ausdruck für den Lichtstrom gebildet werden. Dieser Ausdruck wird dann als Stabilisierungsfunktion bezeichnet.

5.2.3. Funktion zur analytischen Beschreibung des Lichtstroms in der Stabilisierungsphase

In den beiden voranstehenden Abschnitten wird die thermische Abhängigkeit des Lichtstroms sowie die zeitliche Abhängigkeit der Temperatur beschrieben und für jeweils definierte Gültigkeitsbereiche ein vereinfachender Ausdruck angegeben. Diese Ausdrücke werden kombiniert, um eine zeitliche Beschreibung des Lichtstroms zu erhalten.

In Gleichung 5.10 wird der Lichtstrom in Abhängigkeit der Temperaturdifferenz ΔT_{jb} zwischen Chip- und Bezugstemperatur angegeben. Als Bezugstemperatur im Stabilisierungsfall kann die Temperatur des thermisch stabilen Zustands gewählt werden, die sich unter Verwendung von Gleichung 4.21 folgendermaßen berechnen lässt:

$$T_b = P_{th}\left(R_R + R_k\right) + T_u \tag{5.15}$$

Die Temperaturdifferenz aus Chip- und Bezugstemperatur nach Gleichung 5.14 lautet darauf:

$$\Delta T_{jb} = T_j - T_b = -P_{th}R_k e^{-\frac{t}{\tau_k}} \tag{5.16}$$

Dieser Ausdruck kann in Gleichung 5.10 eingesetzt werden, woraus eine zeitabhängige Beschreibung des Lichtstroms für die Zeit nach dem Einschalten eines LED-Systems folgt.

$$\Phi(t) = -\frac{\Phi_{T_b}}{T_1}\Delta T_{jb} + \Phi_{T_b} = \frac{\Phi_{T_b}P_{th}R_k}{T_1}e^{-\frac{t}{\tau_k}} + \Phi_{T_b} \tag{5.17}$$

Werden in Gleichung 5.17 die Konstanten durch drei freie Parameter ersetzt, ergibt sich daraus die Stabilisierungsfunktion, mit der das zeitliche Verhalten eines LED-Systems beschrieben werden kann.

$$\Phi(t) = A_k e^{-\frac{t}{\tau}} + \Phi_\infty \tag{5.18}$$

Anhand dieser drei Parameter wird im Folgenden die Stabilisierung von LED-Systemen definiert, weshalb diese nochmals einzeln erläutert werden. Dabei sollte beachtet werden, dass die Parameter in der Regel mithilfe einer optischen Messung ermittelt werden und folglich als Zahlenwerte bekannt sind.

DIE AMPLITUDE DER LICHTSTROMREDUZIERUNG A_k

Die Amplitude A_k beschreibt den Wert, um den der Lichtstrom nach dem Einschalten oberhalb des Wertes des thermisch stabilen Zustands liegen sollte. Da direkt nach dem Einschalten zum Zeitpunkt t=0 s die Gleichung 5.18 nicht gültig ist, kann die Amplitude auf diese Weise nicht interpretiert werden. Dafür wird durch diese Amplitude die Größe des zeitabhängigen Anteils des Lichtstroms beschrieben. Aus Gleichung 5.17 lässt sich folgern, dass die Amplitude von folgenden Größen abhängt:

$$A_k = \frac{\Phi_{T_b}}{T_1} P_{th} R_k \tag{5.19}$$

Bei der Analyse von Gleichung 5.19 zeigt fällt auf, dass A_k in zwei Abhängigkeiten eingeteilt werden. Der erste Teil wird durch die Eigenschaften der LED bestimmt und beschreibt die Abhängigkeit des Lichtstroms von der Temperatur. Diese thermische Abhängigkeit teilt sich ein in die charakteristische Temperatur T_1 als Materialparameter der LED und den Lichtstrom bei der Bemessungstemperatur Φ_{T_b}, der sich aus dem Betriebspunkt der LED in dieser Messung ergibt.

Der zweite Teil wird durch den thermischen Widerstand des Kühlkörpers R_k als Materialparameter und die thermische Verlustleitung P_{th} als Betriebspunkt der LED gebildet. Demnach beschreiben diese zwei Parameter die thermischen Eigenschaften des LED-Systems und geben an, um welche Temperatur ΔT_k sich der Kühlkörper alleine erhöhen würde.

ZEITKONSTANTE τ

Die Zeitkonstante τ bestimmt das zeitliche Verhalten des LED-Systems und ist näherungsweise identisch mit der Zeitkonstante des Kühlkörpers. Somit kann aus der Zeitkonstante das Produkt des thermischen Widerstands und der Wärmekapazität des Kühlkörpers bestimmt werden.

$$\tau = R_k C_k \tag{5.20}$$

Aus der Zeitkonstante lässt sich ableiten, wie schnell ein LED-System den thermisch stabilen Zustand erreicht. Daraus kann eine Methode abgeleitet werden, wann ein LED-System als thermisch stabil bezeichnet werden kann. Diese Methode wird im Anschluss beschrieben.

Bei der Zuordnung der Zeitkonstante zu einem LED-System muss beachtet werden, dass der thermische Widerstand des Kühlkörpers aus dem konstanten Anteil der Wärmeleitung innerhalb des Kühlkörpers und einem veränderlichen Anteil des Übergangs an die Umgebungsluft besteht. Deshalb müssen bei der Zuordnung einer Zeitkonstante zu einem LED-System die Randbedingungen immer gleich bleiben. Deswegen sollten bei der messtechnischen Bestimmung von τ die LED-Systeme immer in definierten, abgeschlossenen Volumen vermessen werden, um externe Strömungsquellen ausschließen zu können.

LICHTSTROM IM THERMISCH STABILEN ZUSTAND Φ_∞

Der Parameter Φ_∞ beschreibt den Lichtstrom im thermisch stabilen Zustand. Der Index ∞ wird verwendet, um eine ausreichend lange Wartezeit zu symbolisieren, wobei in diesem Zeitraum keine Langzeitdegradation stattfindet. Da die Temperatur im thermisch stabilen Zustand auch mit der Bemessungstemperatur aus Gleichung 5.17 identisch ist, ergibt sich folgende Identität:

$$\Phi_\infty = \Phi_{T_b} \tag{5.21}$$

Der Lichtstrom bei der Bemessungstemperatur bzw. im thermisch stabilen Zustand entspricht dem Wert, der in einer Lichtstrommessung eines LED-Systems gesucht wird. Da auf den Wert von Φ_∞ mithilfe der Stabilisierungsfunktion gerechnet werden kann, muss der Lichtstrom nach Erreichen des thermisch stabilen Zustands gar nicht mehr gemessen werden. Somit kann aus der Bestimmung von Φ_∞ direkt das Messergebnis einer Lichtstrommessung gefolgert werden.

Nach der Herleitung und Beschreibung der Stabilisierungsfunktion wird im Anschluss gezeigt, wie aus der Stabilisierungsfunktion der Fehler der mangelnden thermischen Stabilisierung bestimmt werden kann.

5.2.4. METHODE ZUR BEWERTUNG DES STABILISIERUNGSGRADS

Mit dem Wert von Φ_∞ ist der Lichtstrom bekannt, auf den sich das LED-System im thermisch stabilen Zustand hinbewegt. Somit kann Φ_∞ als Zielwert der Stabilisierung angesehen werden, woraus sich die normierte Stabilisierungsfunktion $\Phi(t)_{\mathrm{norm}}$ bilden lässt:

$$\Phi_{norm}(t) = \frac{\Phi(t)}{\Phi_\infty} = A_{norm}e^{-\frac{t}{\tau}} + 1 \tag{5.22}$$

Die normierte Amplitude A_{norm} berechnet sich aus dem Quotienten zwischen der Amplitude der Stabilisierungsfunktion und dem Lichtstrom des stabilen Zustands:

$$A_{norm} = \frac{A_k}{\Phi_\infty} \tag{5.23}$$

Die Schreibweise der normierten Stabilisierungsfunktion hat den Vorteil, dass sich LED-Systeme mit unterschiedlichen Lichtströmen in der Stabilisierungsphase besser vergleichen lassen.

Darüber hinaus kann aus der normierten Stabilisierungsfunktion ein Maß für einen Fehler einer ungenügenden Stabilisierung abgeleitet werden. Der Stabilisierungsfehler beschreibt in Abhängigkeit der Stabilisierungszeit, wie viel Prozent der Lichtstrom über dem Wert des stabilen Zustandes liegt, und berechnet sich folgendermaßen:

$$F_s(t) = (\Phi(t)_{norm} - 1) \cdot 100\,\% \tag{5.24}$$

Der Stabilisierungsfehler kann dazu verwendet werden, zu einem beliebigen Zeitpunkt den Grad der Stabilisierung zu bewerten, woraus in Abschnitt 5.4 eine Methode zur Bewertung der Stabilisierungsmethoden nach Norm abgeleitet wird.

Der Stabilisierungsfehler kann auch aus dem Messwert des Lichtstroms $\Phi_{\mathrm{Mess}}(t)$ bestimmt werden, was besonders zu Zeiten außerhalb des Gültigkeitsbereichs der Stabilisierungsfunktion zu empfehlen ist. Der Stabilisierungsfehler berechnet sich dann folgendermaßen:

$$F_s(t) = \left(\frac{\Phi_{Mess}(t)}{\Phi_\infty} - 1 \right) \cdot 100\,\% \tag{5.25}$$

Außerdem lässt sich mithilfe des Stabilisierungsfehlers eine Stabilisierungszeit für das bewertete LED-System bestimmen. Dafür muss ein tolerierbarer Fehler F_{tol} festgelegt werden, ab dem das LED-System als stabil bezeichnet wird. Aus dem tolerierten Fehler kann folgende Bedingung für den Stabilisierungsfehler $F_s(t)$ abgeleitet werden:

$$F_s(t) \leq F_{tol} \tag{5.26}$$

Tabelle 5.1.: Stabilisierungszeiten von LED-Systemen als Vielfache der Zeitkonstante τ des Kühlkörpers.

A_{norm} [%]	$t_{stab}(1\,\%)\,/\tau$	$t_{stab}(0,5\,\%)\,/\tau$	$t_{stab}(0,1\,\%)\,/\tau$
5	1,61	2,30	3,91
10	2,30	3,00	4,61
15	2,71	3,40	5,01
20	3,00	3,69	5,30

Aus der Monotonie der Stabilisierungsfunktion ergibt sich, dass diese Bedingung immer für Zeiten größer der Stabilisierungszeit t_{stab} erfüllt ist, wobei $F_s(t_{\mathrm{stab}})$ gleich dem akzeptablen Fehler ist. Die Stabilisierungszeit t_{stab} berechnet sich aus den Parametern der normierten Stabilisierungsfunktion und der akzeptablen Fehlergrenze folgendermaßen:

$$t_{stab}(F_{tol}) = \tau ln\left(\frac{A_{norm}}{F_{tol}}\right) \tag{5.27}$$

Diese Stabilisierungszeit kann zur Bestimmung des Startzeitpunkts von auflösenden Messverfahren verwendet werden. Ein solcher Startzeitpunkt ist notwendig, da eine Korrektur auf den Φ_∞-Wert aufgrund der langen Messzeit dieses Messverfahrens größere Probleme verursacht. Um die Größe der resultierenden Stabilisierungszeiten einschätzen zu können, sind in Tabelle 5.1 für verschiedene Fehlergrenzen und Amplituden die Stabilisierungszeiten als Vielfache der Zeitkonstante τ aufgelistet.

Nach der Herleitung der Stabilisierungsfunktion und der Ableitung eines Fehlermaßes aus der normierten Fehlerfunktion wird im Anschluss gezeigt, wie die Stabilisierungsfunktion an die Messwerte eines LED-Systems angepasst werden kann.

5.3. ANWENDUNG DER STABILISIERUNGSFUNKTION IN DER MESSUNG

Um mit der Stabilisierungsfunktion unbekannte LED-Systeme bewerten zu können, wird beschrieben, wie die Stabilisierungsfunktion an Messwerte angepasst werden kann und wie viele Werte bis dahin gemessen werden müssen. Im Anschluss daran wird untersucht, welchen Einfluss eine vorherige Stabilisierung der LED-Systeme auf die Messung hat und ob dadurch die Stabilisierung verkürzt werden kann.

5.3.1. INTERVALL ZUR ANPASSUNG DER MESSWERTE

Mit der Stabilisierungsfunktion aus Gleichung 5.18 kann die Entwicklung des Lichtstroms eines LED-Systems in der Stabilisierungsphase vorhergesagt werden. Damit diese Vorhersage funktioniert, müssen die drei Parameter A_k, τ und Φ_∞ gefunden werden, die mit den Messwerten eines LED-Systems am besten übereinstimmen. Um diese zu erreichen, wird ein Anpassungsintervall gebildet, in dem die Stabilisierungsfunktion an die Messwerte nach der Methode der kleinsten Quadrate angepasst wird [49].

Die Methode der kleinsten Quadrate vergleicht im Bewertungsintervall die quadratische Abweichung jedes Messwerts vom ihm zugeordneten Funktionswert. Die einzelnen quadratischen Abweichungen werden aufsummiert, und die daraus folgende Summe ist ein Ausdruck, den es zu minimieren gilt.

In der Anwendung wird diese Minimierung von einem MATLAB-Algorithmus durchgeführt. Die Schwierigkeit besteht darin, eine geeignete Auswahl der Messwerte zu treffen, an die die Stabilisierungsfunktion angepasst wird.

In der praktischen Umsetzung im Labor werden die anzupassenden Messwerte durch ein Zeitintervall festgelegt, innerhalb dem sich die anzupassenden Messwerte befinden. Diese sogenannte Anpassungsintervall lässt sich durch einen Startzeitpunkt t_{Start} und einen Endzeitpunkt t_{End} beschreiben, wobei es für beiden Zeiten gewisse Anforderungen gibt.

Die Anpassung darf nicht zu früh beginnen, da Gleichung 5.18 für kurze Zeiten nicht gültig ist. Aus der Herleitung der Stabilisierungsfunktion folgt, dass der Startzeitpunkt mindestens fünfmal der größten vernachlässigten Zeitkonstante sein soll. Die vernachlässigten Zeitkonstanten werden mit dieser Methode allerdings nicht bestimmt und bilden nur eine harte untere Grenze, ab wann frühestens gestartet werden darf.

Es gibt noch zwei weitere Probleme, die einen späteren Startzeitpunkt erfordern. Das eine Problem besteht in einer parallelen Stabilisierung des EVGs, was in Kapitel 6 bei der Anpassung der Stabilisierungsfunktion an Messwerte von LED-Retrofits thematisiert wird. Das nächste Problem besteht in der Näherung der Linearisierung des Lichtstroms nach Taylor. Die Linearisierung wird immer besser, je näher die Chipan die Bemessungstemperatur des thermisch stabilen Zustands kommt. Aus diesem Grund wird in der praktischen Anwendung die Startzeit auf den Wert der Zeitkonstante des Kühlkörpers gesetzt, wonach das LED-System bereits 63 % der Temperaturdifferenz des Kühlkörpers $P_{th}R_k$ erreicht hat.

Der Endwert des Anpassungsintervalls sollte dagegen möglichst klein sein, damit die Stabilisierung möglichst früh beendet werden kann. Vom Beginn der Startzeit an müssen jedoch genug Messwerte im Anpassungsintervall verbleiben, um eine gute Anpassung zu gewährleisten. Deshalb hat sich in der Anwendung für die Länge des Anpassungsintervalls eine weitere Zeitkonstante als praktikabel erwiesen, woraus folgende Start- und Endzeiten folgen.

$$t_{Start} = \tau \tag{5.28}$$

$$t_{End} = 2\tau \tag{5.29}$$

In dieser Definition des Anpassungsintervalls steckt die Problematik, dass bei der erstmaligen Messung eines LED-Systems die Zeitkonstante τ zum Setzten des Anpassungsintervalls nicht bekannt ist. Deshalb muss bei der ersten Vermessung eines LED-Systems der Lichtstrom einmalig länger als bis t_{End} gemessen werden und die Zeitkonstante über eine iterative Änderung der Grenzen des Anpassungsintervalls gesucht werden.

Zur Veranschaulichung der Anpassung wird in Abbildung 5.4 die Messung des Lichtstroms eines LED-Retrofits in der ersten Stunde nach dem Einschalten gezeigt. Aus den Messwerten alleine kann der thermisch stabile Zustand schwer bestimmt werden, während mit der Stabilisierungsfunktion der Wert von Φ_∞ bestimmt werden kann.

Bei einer Wiederholung dieser Messung genügt es, bis zum Ende des Anpassungsintervalls zu messen, was durch den zweiten Magenta-Balken markiert wird. Nach dem Zeitpunkt t_{End} ist der Messwert im thermisch stabilen Zustand bestimmt, ohne dass weiter gemessen werden muss. Folglich konnte eine Messzeitverkürzung auf 2τ erreicht werden. Bei einem Vergleich mit den Stabilisierungszeiten aus Tabelle 5.1 zeigt sich eine deutliche Verkürzung der Messzeit, wenn der Stabilisierungsfehler unterhalb von 1 % liegen soll. Da außerdem die meisten LED-Systeme[5] des Alterungstests Zeitkonstanten zwischen 5 und 20 Minuten aufweisen, was in Kapitel 6 gezeigt wird, verringert diese Methode die Messzeiten bereits auf ein durchführbares Maß von unter einer Stunde pro Messung.

---

[5]Die Zeitkonstanten der acht Retrofit-Systeme liegen im Intervall wischen 5 und 20 Minuten.

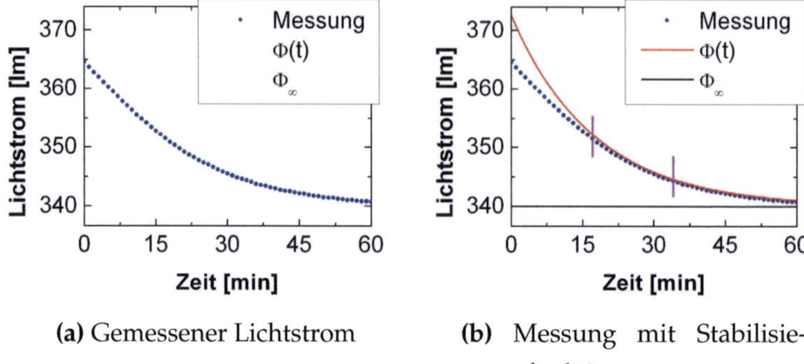

(a) Gemessener Lichtstrom

(b) Messung mit Stabilisierungsfunktion

Abbildung 5.4.: Veranschaulichung der Anpassung der Stabilisierungsfunktion. a) Der Lichtstrom eines LED-Systems wird die ersten 60 Minuten nach dem Einschalten gemessen. b) Nach dem Setzten des Anpassungsintervalles (Magenta Balken) kann die Stabilisierungsfunktion $\Phi(t)$ an die Messwerte angepasst werden. Somit ist durch Φ_∞ auch der Lichtstrom des thermisch stabilen Zustands bekannt.

5.3.2. DIE STABILISIERUNGSFUNKTION VORSTABILISIERTER LED-SYSTEME

Die Stabilisierungsfunktion beschreibt ein LED-System, das vor der Messung lange Zeit ausgeschaltet ist. Allerdings besteht eine häufige Methode zum Verkürzen der Stabilisierungszeit darin, das LED-System vor der Messung außerhalb der Messumgebung zu betreiben und dann im warmen Zustand umzusetzen. Dieses veränderte Verhalten kann ebenfalls mit der Stabilisierungsfunktion beschrieben werden. In diesem Zusammenhang wird einerseits gezeigt, dass auch warm umgesetzte LED-Systeme eine Stabilisierung benötigen, und andererseits für die Wiederholungsmessungen des Alterungstests eine weitere Verkürzung des Anpassungsintervalls vorgenommen werden kann.

THERMISCHE BESCHREIBUNG WARMER SYSTEME

In der Herleitung der Stabilisierungsfunktion befindet sich das LED-System vor dem Einschalten mit der Umgebungstemperatur im thermisch stabilen Zustand. Diese Randbedingungen beschreiben allerdings nicht ein LED-System, das vor einer Messung betrieben, zum Umsetzen in die U-Kugel ausgeschaltet und dort zur Messung wieder eingeschaltet wird. Um die Fragestellung, wie sich die Chiptemperatur in diesem Fall verhält, leichter erörtern zu können, wird aus Gleichung 5.14 der konstante Anteil vernachlässigt[6]. Die Änderung der Chiptemperatur hängt darauf nur noch vom Kühlkörper ab und berechnet sich folgendermaßen:

$$\Delta T_j(t) = P_{th} R_k \left(1 - e^{-\frac{t}{\tau}} \right) \tag{5.30}$$

Wie in Kapitel 2 gezeigt wird, verhalten sich Aufwärmen und Abkühlen nach der gleichen Zeitkonstante. Somit ergibt sich für die Chiptemperatur, die sich im thermisch stabilen Zustand befindet und danach für die Zeit t_aus abgeschaltet wird, folgende Gleichung [20]:

$$\Delta T_j(t_{aus}) = P_{th} R_k e^{-\frac{t_{aus}}{\tau}} \tag{5.31}$$

Wird das LED-System danach wieder eingeschaltet, fängt es an sich wieder zu erwärmen. Dabei folgt die Chiptemperatur wieder Gleichung 5.30, mit dem Unterschied, dass das LED-System sich noch nicht auf die Umgebungstemperatur abgekühlt hat. Dementsprechende startet das LED-System seine Erwärmung ab der Temperatur, die sich aus der Abkühlzeit t_aus ergibt, und kann in Abhängigkeit der Zeit, die das LED-System wieder im Betrieb ist t_an, beschrieben werden.

$$\Delta T_j(t_{an}) = P_{th} R_k \left(1 - e^{-\frac{t_{an}}{\tau}} + e^{-\frac{t_{an}+t_{aus}}{\tau}} \right) \tag{5.32}$$

---

[6]Der konstante Anteil $P_{th} R_R$ beschreibt den Temperatureinfluss der Bauteile mit den kurzen Zeitkonstanten. Diese Bauteil beeinflussen die Chiptemperatur zum Zeitpunkt des ein Ein- und Ausschaltens zwar stark, haben aber auf das weitere zeitliche Verhalten der wiederholten Stabilisierung keinen Einfluss.

Um das thermische Verhalten zu veranschaulichen, wird der Temperaturverlauf der Chiptemperaturänderung eines LED-Systems mit einer Zeitkonstante von $\tau=15$ min vom thermisch stabilem Zustand ausgehend mit einer Auszeit von $t_{\mathrm{aus}}=2$ min sowie einer Aufwärmzeit von $t_{\mathrm{an}}=15$ min in Abbildung 5.5a gezeigt. Mit diesen Zahlenwerten lässt sich berechnen, dass nach der wiederholten Stabilisierung das LED-System erst ca. 95 % der Temperaturerwärmung des Kühlkörpers aufgebaut hat, obwohl das LED-System 7,5 mal länger beheizt wurde. Dieses Verhalten folgt aus der Eigenschaft der Exponentialfunktion, deren Steigung immer kleiner wird, je näher sie dem stabilen Zustand kommt.

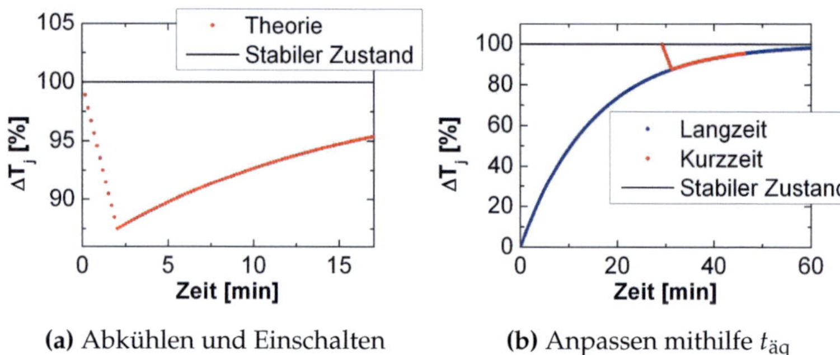

(a) Abkühlen und Einschalten   (b) Anpassen mithilfe $t_{\mathrm{äq}}$

Abbildung 5.5.: Berechnung der Temperaturänderung aufgrund des Kühlkörpers. a) Ein LED-System mit einer Zeitkonstante von $\tau=15$ min wird aus dem thermisch stabilen Zustand zwei Minuten abgeschaltet und stabilisiert sich danach wieder 15 Minuten. Nach dieser Zeit ist die Temperatur ca. 5 % unterhalb der des thermisch stabilen Zustands. b) Mithilfe der äquivalenten Zeit kann die Stabilisierung des kurzzeitig ausgeschalteten LED-Systems wieder auf die Stabilisierungskurve von der Umgebungstemperatur ausgehend gerechnet werden.

Wenn das LED-System sich nach dem Abkühlen wieder erwärmt, sollte das Aufwärmverhalten nur von der aktuellen Chiptemperatur abhängen und nicht von der Temperatur, von der die Stabilisierung gestartet ist. Dementsprechend muss sich das von Gleichung 5.32 beschriebene Aufwärmverhalten auch durch Gleichung 5.30 beschreiben lassen.

Eine einheitliche Beschreibung kann durch den Zeitversatz $t_{\text{äq}}$ erreicht werden, der folgendermaßen zu verstehen ist. Nach dem Abkühlen hat das LED-System sich auf eine bestimme Temperatur abgekühlt, die äquivalent zu der Temperatur $\Delta T_j(t_{\text{äq}})$ ist, auf die sich das LED-System nach der äquivalenten Zeit $t_{\text{äq}}$ erwärmt hat. Zur Vereinheitlichung der beiden Zeiten nach dem Wiedereinschalten t_{an} und nach dem Einschalten des kalten LED-Systems t kann folgende Relation angegeben werden.

$$t = t_{an} + t_{äq} \tag{5.33}$$

Unter der Annahme der gleichen Zeitkonstante für Abkühlen und Aufwärmen kann aus den Gleichungen 5.30 und 5.31 die äquivalente Stabilisierungszeit folgendermaßen berechnet werden.

$$t_{äq} = -\tau ln\left(1 - e^{-\frac{t_{aus}}{\tau}}\right) \tag{5.34}$$

Wird das LED-System im ausgeschalteten Zustand bewegt, tritt aufgrund der veränderten Konvektion der Fall ein, dass die Zeitkonstanten beim Abkühlen und Aufwärmen nicht identisch sind. Infolgedessen muss die äquivalente Zeit über die Temperaturänderung während dem ausgeschalteten Zustand $\Delta T_j(t_{\text{aus}})$ berechnet werden. Für die äquivalente Stabilisierungszeit ergibt sich folgender Ausdruck, bei der die Zeitkonstante τ die des Aufwärmens ist.

$$t_{äq} = -\tau ln\left(1 - \frac{\Delta T_j(t_{aus})}{P_{th}R_k}\right) \tag{5.35}$$

In Abbildung 5.5b wird veranschaulicht, wie mithilfe der äquivalenten Stabilisierungszeit die Stabilisierungskurve nach dem Abkühlen mit der globalen Stabilisierungskurve verbunden werden kann.

Aus dieser theoretischen Überlegung soll im Anschluss die Stabilisierung von warmen LED-Systemen analysiert werden.

ANPASSUNG WARMER SYSTEME

Zur schnellen Stabilisierung von LED-Systemen können diese außerhalb der U-Kugel betrieben werden, bis sie den thermisch stabilen Zustand erreicht haben. Da sie beim Umsetzen ausgeschaltet und bewegt werden müssen, befinden sie sich in der U-Kugel in einem Zustand zwischen einem thermisch stabilen und dem Zustand eines kalten LED-Systems. Der genaue thermische Zustand kann unter Verwendung der äquivalenten Zeit und der Stabilisierungsfunktion bestimmt werden.

Zur Berechnung der äquivalenten Zeit wird die Stabilisierungsfunktion des bereits vorgewärmten LED-Systems $\Phi^*(t)$ an die Messwerte angepasst. Hat sich das LED-System nicht verändert, resultiert aus der Anpassung folgende Stabilisierungsfunktion für das warme System.

$$\Phi^*(t_{an}) = A_k^* e^{-\frac{t_{an}}{\tau}} + \Phi_\infty \tag{5.36}$$

Die Parameter τ und Φ_∞ ergeben die gleichen Werte, die sich auch bei der Anpassung an das kalte LED-System ergeben. Einzig die Amplitude A_k^* ändert sich, da zu Beginn der Messung das LED-System bereits eine höhere Temperatur besitzt. Die äquivalente Zeit kann somit aus dem Verhältnis der warmen und der kalten Amplitude zueinander berechnet werden.

$$t_{äq} = -\tau ln\left(\frac{A_k^*}{A_k}\right) \tag{5.37}$$

Folglich kann aus der Lichtstrommessung eines warmen LED-Systems die äquivalente Zeit berechnet werden. Wie die Messung eines kalten auf die des warmen Systems angepasst werden kann, ist in Abbildung 5.6 beispielhaft für ein LED-System zu sehen, das jeweils auf den Lichtstrom des thermisch stabilen Zustands normiert ist.

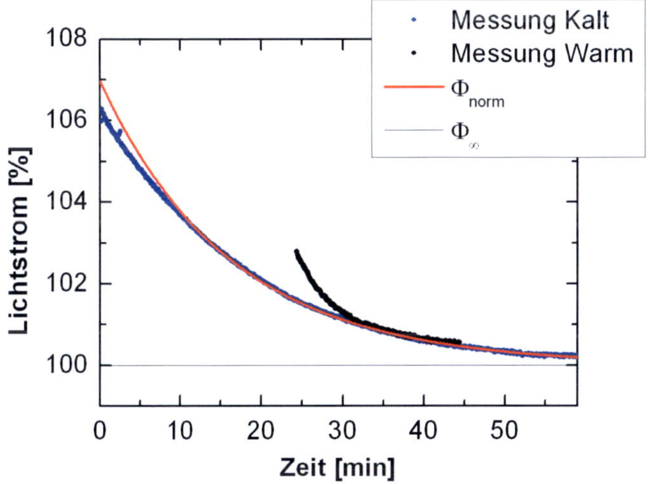

Abbildung 5.6.: Die Messung eines LED-Systems im kalten (blau) und im warmen Zustand (schwarz). Durch das Berechnen der äquivalenten Zeit können beide Kurven aufeinander angepasst werden.

Weiterhin kann in Abbildung 5.6 gesehen werden, dass die Messwerte des warmen LED-Systems zu kurzen Zeiten deutlich oberhalb der Theorie der Stabilisierungsfunktion liegen. Der höhere Lichtstrom zu kurzen Zeiten folgt aus der Vernachlässigung der thermischen Widerstände mit kleinen Zeitkonstanten. Daraus folgt eine geringere Chiptemperatur zu kurzen Zeiten, weshalb der Lichtstrom oberhalb der Kurve der Stabilisierungsfunktion liegen soll.

Bei der Messung des kalten LED-Systems befindet sich der Lichtstrom unterhalb der theoretischen Kurve, was thermodynamisch nicht erklärt werden kann. Die Erklärung dieses Phänomens liegt in der eingebrachten Leistung des EVGs in das LED-System. Diese muss sich in dem kalten LED-System erst stabilisieren, weshalb am Anfang noch nicht die volle Leistung anliegt, woraus sich auch das große Stabilisierungsintervall von Gleichung 5.28 ergibt.

Bei warmen LED-Systemen kann deshalb das Anpassungsintervall verkürzt werden. Um keine Einflüsse der kurzen Zeitkonstanten zu erhalten, werden die Start- und Endzeiten systemabhängig gewählt. Dabei haben LED-Systeme mit kleinen Zeitkonstanten eher größere Intervallgrenzen und Systeme mit größeren Zeitkonstanten eher kleine Grenzen.

$$\tau > \quad t_{start} \quad > \frac{1}{2}\tau$$
$$\frac{3}{2}\tau > \quad t_{end} \quad > \tau \tag{5.38}$$

Daraus resultieren für die Wiederholungsmessungen des Alterungstests Stabilisierungszeiten von 15 bis 20 Minuten, wodurch ein Messzyklus auf zwei Wochen reduziert werden kann. Diese Reduzierung geht nicht auf Kosten hoher Unsicherheiten in der Messung.

Eine Messung warmer LED-Systeme ohne Benutzung der Stabilisierungsfunktion kann ebenfalls die Messzeiten deutlich reduzieren, birgt aber die Gefahr, den Stabilisierungsgrad des LED-Systems nicht zu kennen, weshalb folglich ein Messfehler aus mangelnder Stabilisierung nicht abgeschätzt werden kann.

Nachdem die Stabilisierungsfunktion hergeleitet, erklärt und auf die Anwendung warmer LED-Systeme erweitert wurde, werden im Anschluss die Stabilisierungsmethoden nach Norm mithilfe der Stabilisierungsfunktion bewertet.

5.4. BEWERTUNG DER STABILISIERUNGSMETHODEN NACH NORM

Aus der Stabilisierungsfunktion ergibt sich die Möglichkeit, die Stabilisierungsmethoden der Normen der IES LM-79 und DIN IEC/PAS 62717, die im Abschnitt 5.1 vorgestellt werden, zu bewerten [46, 4]. Zu diesem Zweck werden die Stabilisierungsverfahren im Kontext der Stabilisierungsfunktion bzw. des daraus bekannten Verhaltens des Lichtstroms nochmals erläutert und die aus diesen Verfahren resultierenden Fehler hergeleitet. Im Anschluss daran werden die Stabilisierungszeiten und Fehler nach Norm für zehn LED-Systeme ermittelt.

5.4.1. HERLEITUNG DER FEHLER DER NORMVERFAHREN

Die Normen der IEC und der IES formulieren ihre Stabilisierungsverfahren unterschiedlich. Im Kontext der Stabilisierungsfunktion kann gezeigt werden, dass beide Verfahren die gleiche Methode mit unterschiedlichen Parametern verwenden. Die drei Parameter, durch die sich die Normverfahren unterscheiden, sind der tolerierte Fehler F_{tol}, die Länge des Messintervalls Δt und eine Abtastlänge l_m.

Das Messintervall Δt beschreibt die Zeit, die zwischen dem ersten und letzten Messwert liegt, die gemäß der Norm verglichen werden. Für die Bewertung der Normen ist es dabei unerheblich, wie viele Messpunkte zwischen diesen Messpunkten liegen, da der Lichtstrom nach der Stabilisierungsfunktion eine streng monoton fallende Zeitabhängigkeit besitzt. Der erste und letzte bzw. größte und kleinste Messwert werden durch das Normkriterium darauf überprüft, ob ihr Abstand kleiner oder größer als der tolerierbare Fehler F_{tol} ist. Somit kann das Kriterium der Normen zur Bestimmung der Stabilisierungszeit folgendermaßen dargestellt werden[7]:

$$\frac{\Phi(t) - \Phi(t + \Delta t)}{(\Phi(t) + \Phi(t + \Delta t))/2} \leq F_{tol} \tag{5.39}$$

In der Bewertung des Stabilisierungskriteriums kann der gemessene zeitabhängige Lichtstrom durch die normierte Stabilisierungsfunktion aus Gleichung 5.22 ersetzt werden, wenn die eingeschränkte Gültigkeit der Stabilisierungsfunktion zu kurzen Zeiten beachtet wird. Mithilfe dieser analytischen Beschreibung des Lichtstroms kann der kürzeste Zeitpunkt berechnet werden, an dem das Stabilisierungskriterium nach Gleichung 5.39 erfüllt ist, indem die normierte Lichtstromdifferenz gleich dem tolerierbaren Fehler gesetzt wird.

$$t_b = -\tau ln \left[\frac{F_{tol}}{A_{norm} \left((1 - \frac{1}{2}F_{tol}) - (1 + \frac{1}{2}F_{tol})e^{-\frac{\Delta t}{\tau}} \right)} \right] \tag{5.40}$$

Die aus Gleichung 5.40 bestimmte Zeit t_b beschreibt den Zeitpunkt, an dem das Messintervall beginnen müsste, in dem zum ersten Mal das Normkriterium erfüllt wird. Um daraus die aus der Norm resultierende Stabilisierungszeit t_N abzuleiten, muss eine Fallunterscheidung durchgeführt werden. Ist t_b kleiner als Null, wird das Normkriterium zu Beginn der Stabilisierung erfüllt und als Stabilisierungszeit der Norm t_N ergibt sich entweder das Messintervall oder die Abtastlänge, je nachdem, was größer ist[8]. Wie im Anschluss gezeigt wird, kann die-

---

[7]Der Mittelwert zur Normierung der Messwerte in Gleichung 5.39 wird aus dem kleinsten und größten Messwert gebildet. Die Korrektur zu anderen Normierungen ist allerdings klein, so dass der Unterschied sich nur bei der diskreten Stabilisierungszeitbestimmung der Normen und nicht bei der anschließenden kontinuierlichen Betrachtung auswirkt.

[8]In der Anwendung von Gleichung 5.39 auf Messwerte können sich aus der Norm größere Stabilisierungszeiten als der größere Wert von Messintervall und Abtastlänge ergeben, da t_b außerhalb des Gültigkeitsbereichs der Stabilisierungsfunktion berechnet wird.

ser Fall eintreten, wenn die Zeitkonstante des LED-Systems deutlich größer als die Länge des Messintervalls ist.

Wenn t_b dagegen positiv ist, liegt das erste Messintervall, das das Normkriterium erfüllt, im Bereich messbarer Werte, was in Abbildung 5.7a veranschaulicht wird. Wird gerade zum Zeitpunkt t_b das Messintervall zur Bewertung der Stabilisierung nach Norm gestartet, ergibt sich am Ende des Messintervalls die kleinste in der Norm bestimmbare Stabilisierungszeit $t_{N,min}$, für die ein LED-System als stabil bewertet wird.

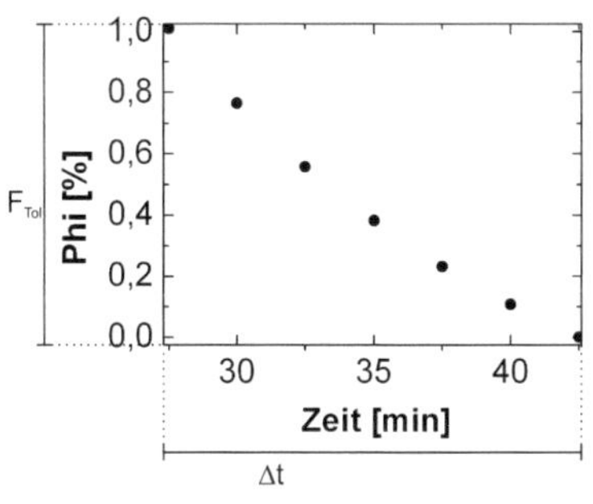

(a) Stabilisierungskriterium nach Norm

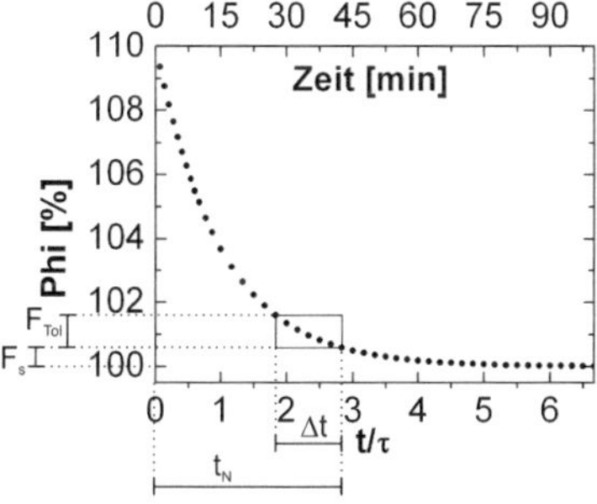

(b) Stabilisierungskriterium im Kontext des absoluten Fehlers

Abbildung 5.7.: Veranschaulichung des Stabilisierungskriteriums nach Norm. a) Alleine aus der Norm kann kein Stabilisierungsfehler angegeben werden. b) Mit der Stabilisierungsfunktion zeigt sich die Funktionsweise der Normkriterien und es lässt sich ein Fehler ableiten.

$$t_{N,min} = t_b + \Delta t \tag{5.41}$$

Allerdings können die Verfahren nach Norm die Einhaltung des Stabilisierungskriteriums nach Gleichung 5.39 nur finden, wenn eine Messung zur Bewertung des Kriteriums stattfindet. Da diese Messungen in der Frequenz der Abtastlänge l_m durchgeführt werden, wird spätestens nach einer Abtastlänge das LED-System als stabil bewertet, woraus sich die größte von der Norm bestimmbare Stabilisierungszeit berechnen lässt.

$$t_{N,max} = t_{N,min} + l_m \tag{5.42}$$

Dementsprechend muss die Bewertung nach Norm eine Stabilisierungszeit ergeben, die im Intervall zwischen $t_{N,min}$ und $t_{N,max}$ liegt. Mit Kenntnis der normierten Stabilisierungsfunktion kann unter Verwendung von Gleichung 5.24 der Stabilisierungsfehler F_s für eine gegebene Stabilisierungszeit berechnet werden. Da der Stabilisierungsfehler sowie die Stabilisierungsfunktion durch eine streng monoton fallende Kurve beschrieben werden, ergeben kurze Stabilisierungszeiten große Stabilisierungsfehler, was in Abbildung 5.7b gezeigt wird. Dementsprechend kann ein aus der Norm maximal zu ermittelnder Fehler berechnet werden, indem der Fehler der kürzest möglichen Stabilisierungszeit berechnet wird.

$$F_s(t_{N,min}) = A_{norm} e^{-\frac{t_{N,min}}{\tau}} = \frac{e^{-\frac{\Delta t}{\tau}}}{(1 - \frac{1}{2}F_{tol}) - (1 + \frac{1}{2}F_{tol})e^{-\frac{\Delta t}{\tau}}} F_{tol} \tag{5.43}$$

Wird dagegen der Stabilisierungsfehler von der maximalen Stabilisierungszeit bestimmt, folgt daraus der Stabilisierungsfehler, der nach den Normkriterien mindestens zu erwarten ist.

$$F_s(t_{N,max}) = e^{-\frac{l_m}{\tau}} F_s(t_{N,min}) \tag{5.44}$$

Somit ergibt die Stabilisierung nach Norm Stabilisierungszeiten im Intervall zwischen $t_{N,min}$ und $t_{N,max}$, aus denen, wenn direkt nach Feststellung des erreichten Normkriteriums gemessen wird, Fehler der mangelnden thermischen Stabilisierung im Intervall von $F_s(t_{N,max})$ und $F_s(t_{N,min})$ resultieren.

Bei einer genaueren Betrachtung der Stabilisierungsfehler nach Norm zeigt sich, dass der Fehler vom Verhältnis zwischen Messintervall und

Zeitkonstante abhängt, im Gegensatz zur Stabilisierungszeit aber unabhängig von der Amplitude des LED-Systems ist. Dementsprechend bestimmt die Zeitkonstante eines LED-Systems, ob eine Normmethode mit festen Parametern geeignet ist, die Stabilisierungszeit eines LED-Systems zu bestimmen. Um die Eignung einer Normmethode in Abhängigkeit der Zeitkonstante zu veranschaulichen, wird in Abbildung 5.8 der maximale Stabilisierungsfehler für die tolerierten Fehler von 0,5 % und 1 % in Abhängigkeit des Verhältnisses $\frac{\tau}{\Delta t}$ aufgetragen.

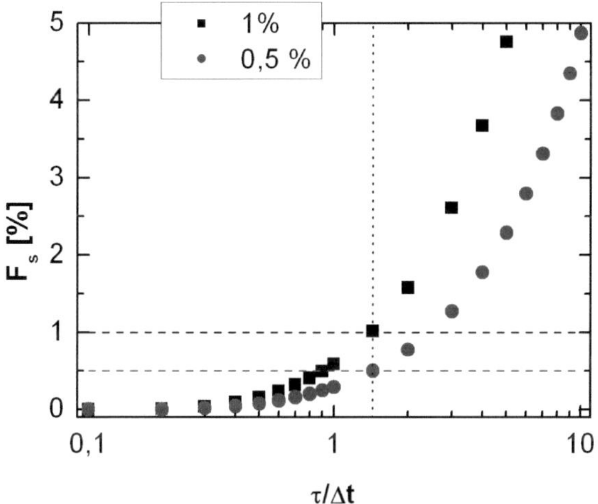

Abbildung 5.8.: Maximaler Stabilisierungsfehler für tolerierte Fehler von 0,5 % und 1 % in Abhängigkeit zum Verhältnis von Zeitkonstante und Messintervall. Wenn τ größer als $\ln(2)^{-1} \cdot \Delta t$ wird, steigt der maximale Stabilisierungsfehler über den tolerierten Fehler.

Aus Abbildung 5.8 ist ersichtlich, dass ein kleines Verhältnis von $\frac{\tau}{\Delta t}$ zu kleinen Fehlern, aber großen Stabilisierungszeiten führt. Aus dem Verhältnis $\frac{\tau}{\Delta t}$ lässt sich auch direkt bestimmen, ob für ein bestimmtes

LED-System eine Norm den tolerierbaren Fehler garantiert oder schon vorher klar ist, dass die Norm den Fehler gar nicht einhalten kann. Die Grenzwerte dafür lassen sich aus dem maximalen Stabilisierungsfehler $F_s(t_{N,min})$ aus Gleichung 5.43 und der minimalen Stabilisierungszeit $F_s(t_{N,max})$ aus Gleichung 5.44 jeweils durch Gleichsetzen mit dem tolerierbaren Fehler F_{tol} berechnen.

$$\frac{\tau}{\Delta t} = -ln\left[\frac{1 - \frac{1}{2}F_{tol}}{2 + \frac{1}{2}F_{tol}}\right]^{-1} \approx ln(2)^{-1} \tag{5.45}$$

$$\frac{\tau}{\Delta t} = -ln\left[\frac{1 - \frac{1}{2}F_{tol}}{1 + e^{-\frac{lm}{\tau}} + \frac{1}{2}F_{tol}}\right]^{-1} \approx ln(1 + e^{-\frac{lm}{\tau}})^{-1} \tag{5.46}$$

Gleichung 5.45 gibt die Grenze an, ab der eine Norm den tolerierbaren Fehler sicherstellen kann. Daraus lässt sich folgendes Kriterium ableiten, mit dem sichergestellt wird, dass die Norm den tolerierten Fehler garantiert:

$$\frac{\tau}{\Delta t} \cdot ln(2) < 1 \tag{5.47}$$

Wenn Gleichung 5.47 nicht eingehalten wird, sollte das dem Normverfahren zugrundeliegende Messintervall vergrößert werden.

Allerdings besagt ein Verletzen des Kriteriums aus Gleichung 5.47 nicht automatisch, dass das Stabilisierungsverfahren zwingend einen zu großen Fehler ergibt, da das Stabilisierungskriterium nicht kontinuierlich überprüft wird. Infolgedessen muss die Abtastlänge in ein Kriterium miteinbezogen werden, das überprüft, ob eine Norm zwangsläufig ein LED-System zu früh als stabil bezeichnet. Diese Kriterium berechnet sich folgendermaßen:

$$\frac{\tau}{\Delta t} \cdot ln(1 + e^{-\frac{lm}{\tau}}) > 1 \tag{5.48}$$

Allerdings schafft eine große Abtastlänge einen Bereich, in dem im Allgemeinen keine Aussage über die Anwendbarkeit der Normmethode getroffen werden kann, weshalb von der Bewertung her eine große Abtastlänge die Normmethode nicht verbessert.

Nach der Analyse der möglichen Fehler der Stabilisierungsmethoden nach Norm soll die Theorie für die Normen LM-79 und DIN IEC/PAS 62717 überprüft werden. Dafür werden die Stabilisierungszeiten und Stabilisierungsfehler der 10 LED-Systeme des Alterungstests bestimmt und mit der theoretischen Erwartung verglichen.

5.4.2. MESSERGEBNISSE DER STABILISIERUNG NACH NORM

Vor der Bewertung der zehn LED-Systeme anhand der Normmethoden werden die Ergebnisse der Anpassung mit der Stabilisierungsfunktion aus Abschnitt 6.2.1 vorweggenommen. Dabei zeigt sich, dass die LED-Systeme Zeitkonstanten zwischen 7 und 35 Minuten und Amplituden zwischen 2,5 % und 25 % besitzen, was in Abbildung 5.9 zu sehen ist. Die Benennung der LED-Systeme ist eine Nummerierung von 1 bis 10 in aufsteigender Reihenfolge der Zeitkonstanten der LED-Systeme[9].

Bevor für diese LED-Systeme die Stabilisierungszeiten nach den Normmethoden der IES und IEC bestimmt werden, können durch die Analyse der Parameter der Normmethoden erste Abschätzungen gemacht werden. So beträgt das Messintervall der Methode nach IES 30 Minuten, was im Vergleich zu den Zeitkonstanten der LED-Systeme sehr groß ist. Bei der Berechnung der Garantie des tolerierten Fehlers nach 5.47 ergibt sich sogar für die größte Zeitkonstante ein Wert von 0,8. Dementsprechend werden für die Methode der IES verhältnismäßig lange Stabilisierungszeiten erwartet, die allerdings alle den tolerierten Fehler garantieren sollten.

---

[9]Es muss beachtet werden, dass zugunsten einer besseren Anschaulichkeit eine vom Alterungstest abweichende Nummerierung gewählt wird.

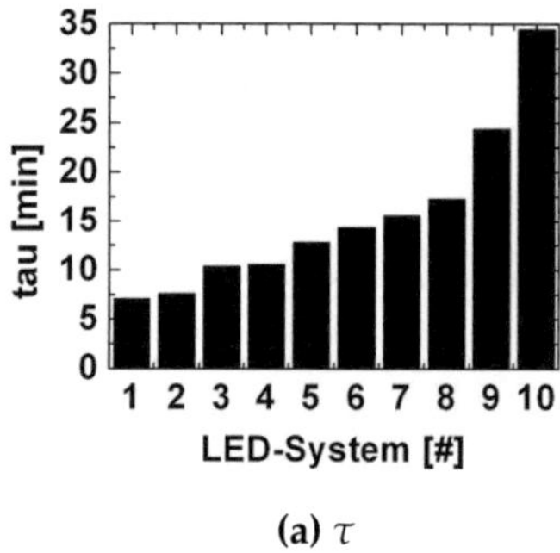

(a) τ

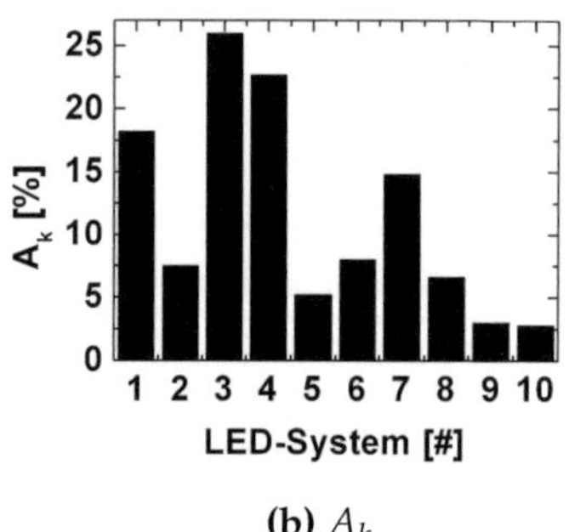

(b) A_k

Abbildung 5.9.: Zeitkonstante und Amplitude der Lichtstromreduzierung der zehn LED-Systeme zur Bewertung der Normen.

Die Methode der IEC besitzt dagegen mit fünf Minuten ein sehr kurzes Messintervall, verglichen dazu mit 15 Minuten allerdings eine große Abtastlänge. Die Fehlerkriterien nach den Gleichungen 5.47 und 5.48 zeigen, dass System 1 gerade noch den tolerierten Fehler garantieren kann, während sich für die Systeme 2 bis 6 vor der Bestimmung der Stabilisierungszeiten keine Aussage treffen lässt. Die Systeme 7 und 8 müssten untolerierbar große Stabilisierungsfehler haben, während die Systeme 9 und 10 eine Besonderheit bilden. Diese beiden LED-Systeme haben eine Kombination aus einer kleinen Amplitude und einer großen Zeitkonstante, weshalb die berechneten Startzeiten des Messintervalls t_b mit -15,6 min bzw. -36,1 min negativ sind. Somit kann vor der Bestimmung der Stabilisierungszeit keine Wertung durchgeführt werden.

Die Stabilisierungszeiten für jedes LED-System werden nach den Normdefinitionen unter Verwendung der Gleichungen 5.1 bzw. 5.2 bestimmt und zum Vergleich die für den tolerierten Fehler notwendigen Stabilisierungszeiten nach Gleichung 5.27 aus der Stabilisierungsfunktion berechnet. Die resultierenden Stabilisierungszeiten sind in Abbildung 5.10 zu sehen.

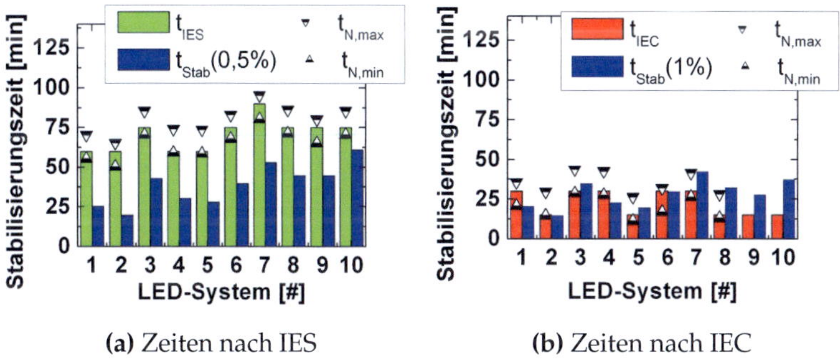

(a) Zeiten nach IES

(b) Zeiten nach IEC

Abbildung 5.10.: Stabilisierungszeiten von zehn LED-Systemen, die nach Norm mit Ober- und Untergrenze sowie nach der Grenze des tolerierten Fehlers $F_s=F_{tol}$ bestimmt werden, a) nach der Methode der IES und b) nach der Methode der IEC.

Für die Stabilisierungsmethode nach der IES ergeben sich mit Zeiten zwischen 60 und 90 Minuten die erwartet langen Stabilisierungszeiten. Diese sind für alle LED-Systeme deutlich größer, als die für die 0,5%-Fehlergrenze berechneten. Außerdem weicht die Größe der Stabilisierungszeiten von der Reihenfolge der Größe der Zeitkonstanten ab, da auch die Amplitude A_k einen Einfluss auf die Stabilisierungszeit hat.

Die Methode der IEC ermittelt dagegen deutlich kürzere Stabilisierungszeiten, die zwischen 15 und 30 Minuten liegen. Bei ungefähr der Hälfte der LED-Systeme liegt die Stabilisierungszeit unter den berechneten Zeiten der 1%-Fehlergrenze, was zu größeren Fehlern als dem tolerierten 1%-Fehler führt.

Für die endgültige Bewertung der Stabilisierungsmethoden in der Anwendung auf die LED-Systeme werden aus den Stabilisierungszeiten die Stabilisierungsfehler nach Gleichung 5.25 berechnet, was in Abbildung 5.11 zu sehen ist.

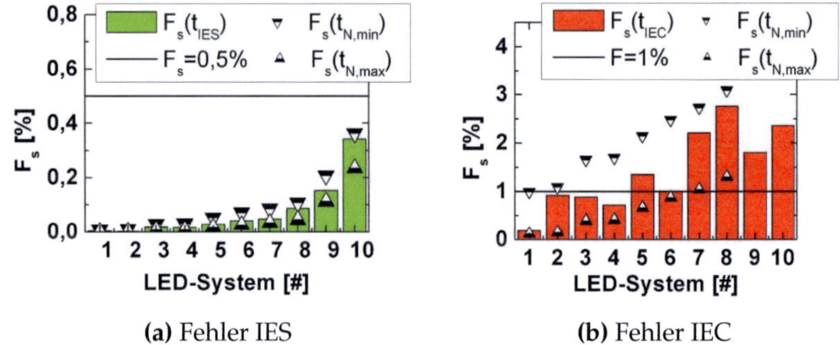

(a) Fehler IES   (b) Fehler IEC

Abbildung 5.11.: Stabilisierungsfehler der zehn LED-Systeme a) nach der Methode der IES und b) nach der Methode der IEC.

Die Analyse der Fehlerbalken für die Methode nach der IES zeigt das erwartete Ergebnis, dass alle LED-Systeme deutlich unterhalb der als akzeptabel gesetzten 0,5%-Fehlergrenze bleiben. Die Fehler steigen jedoch mit sich vergrößernder Zeitkonstante an, was aus dem Ansteigen des Verhältnisses von Zeitkonstante zu Messintervall folgt. Da die Abtastlänge deutlich kleiner als das Messintervall ist, gibt es eine direkte Abhängigkeit des Fehlers von der Zeitkonstante.

Ein deutlich uneinheitlicheres Ergebnis zeigt sich für die Methode der IEC. Die Fehlergrenzen zeigen eine direkte Abhängigkeit von den Zeitkonstanten, sind aber aufgrund des großen Verhältnisses von Abtastlänge zu Messintervall ($\frac{l_m}{\Delta t}$=3) weit auseinander. Folglich streuen die bestimmten Fehler innerhalb der möglichen Grenzen. Als besonderes Ergebnis kann System 8 erwähnt werden, für das mit 2,8 %

der Fehler der mangelnden thermischen Stabilisierung fast um einen Faktor drei über dem als tolerierbar bestimmten Fehler liegt.

Somit kann neben der theoretischen Erwartung auch anhand der Messwerte gezeigt werden, dass sich beide Methoden nur begrenzt zur Bestimmung der Stabilisierungszeiten der untersuchten LED-Systeme eignen. Die Methode der IES verwendet ein für viele LED-Systeme zu großes Messintervall, woraus zwar stabile LED-Systeme folgen, dafür aber vor einer Messung sehr lange Stabilisierungszeiten eingehalten werden müssen. Das Messintervall der Methode der IEC ist dagegen für die untersuchten LED-Systems deutlich zu kurz, woraus große Fehlern resultieren.

Nach der Analyse der Stabilisierung nach Norm werden im Anschluss nochmals die Auswirkungen der Stabilisierungsfunktion auf die Messtechnik genauer analysiert.

5.5. DISKUSSION

Soll der emittierte Lichtstrom eines LED-Systems präzise vermessen werden, muss als Grundvoraussetzung dafür das LED-System einen konstanten Lichtstrom emittieren. Damit der Lichtstrom eines LED-Systems konstant bleibt, müssen zwei Voraussetzungen erfüllt werden: Der Strom, mit dem die LEDs betrieben werden, und die Chiptemperatur müssen konstant sein.

LEDs werden in den meisten Fällen vom EVG auf einen konstanten Betriebsstrom geregelt. Von dieser Grundannahme ausgehend, kann die Änderung des Lichtstroms eines LED-Systems in Abhängigkeit der Änderung der Chiptemperatur beschrieben werden. Ein besonderer Fall der Änderung der Chiptemperatur liegt nach dem Einschalten eines LED-Systems vor, da ein LED-System vor einer Messung im ausgeschalteten Zustand in die Messumgebung eingebaut wird. Nach dem Einschalten soll dann möglichst schnell die Messung beginnen, weshalb die Stabilisierungsfunktion speziell für die Beschreibung des Lichtstroms nach dem Einschalten entwickelt wird.

Die Chiptemperatur der LEDs im System nach dem Einschalten hängt vom thermischen Pfad ab, durch den die Wärme von den LEDs zum Kühlkörper gelangt. Die zeitliche Änderung der Chiptemperatur beeinflusst dabei hauptsächlich das Bauteil mit der größten Wärmekapazität, was in typischen LED-Systemen der Kühlkörper ist. Mit der Kenntnis der thermischen Zeitkonstante des Kühlkörpers kann somit das zeitliche Verhalten der Chiptemperatur und damit des LED-Lichtstroms vorausgesagt werden, woraus sich einige Vorteile für Messungen von LED-Systemen ableiten lassen.

Bei einer integralen Lichtstrommessung, die beispielsweise in einer U-Kugel durchgeführt wird, muss mit der Messung nicht so lange gewartet werden, bis der thermisch stabile Zustand erreicht ist. Es genügt, so lange zu messen, bis die Stabilisierungsfunktion an die Messwerte angepasst werden kann. Aus der angepassten Stabilisierungsfunktion ergibt sich der Anpassungsparameter Φ_∞, der bereits der Lichtstrom im thermisch stabilen Zustand ist. Somit kann der Fehler aufgrund mangelnder thermischer Stabilisierung korrigiert werden.

Mit der Anpassung wird ebenfalls direkt aus der optischen Messung die Zeitkonstante des LED-Systems bestimmt. Aus der Zeitkonstante kann in Verbindung mit der Amplitude direkt ein Zeitpunkt berechnet werden, zu dem das LED-System einen tolerierten Fehler unterschreitet. Ab dem so bestimmten Zeitpunkt kann die Lichtstrommessung in einem auflösenden Verfahren wie beispielsweise in einem Nahfeldgoniometer begonnen werden.

Eine Korrektur der im Nahfeldgoniometer aufgenommenen winkelabhängigen Werte der Beleuchtungsstärke wäre zwar theoretisch möglich, müsste aber erst in die Messsoftware implementiert werden. Dabei müsste jedem Messwert noch eine zeitabhängige Gewichtung hinzugefügt werden. Da diese Anwendung zur Zeit noch nicht angedacht wird, muss ein LED-System im thermisch stabilen Zustand vermessen werden, der über die Stabilisierungsfunktion bestimmt werden kann.

Mithilfe der Stabilisierungsfunktion lässt sich weiterhin beschreiben, wie sich vor der Messung stabilisierte und dann umgesetzte LED-Systeme verhalten. In dem Fall muss darauf geachtet werden, dass auch ein kurzes Ausschalten eine wiederholte Stabilisierungszeit nach sich zieht. Dieser Zusammenhang lässt sich in der Terminologie der Stabilisierungsfunktion als äquivalente Stabilisierungszeit beschreiben und zeigt eine mathematische Möglichkeit, den Stabilisierungsgrad eines mit einer unbekannten Zeit stabilisierten LED-Systems zu beschreiben. Aufgrund der exponentiellen Abhängigkeit von den Zeiten des aus- und angeschalteten Zustands sowie unterschiedlicher Zeitkonstanten der LED-Systeme wird darauf verzichtet, eine Art Faustformel abzuleiten.

Weiterhin muss darauf geachtet werden, dass die Zeitkonstanten der LED-Systeme nur unter bekannten Randbedingungen in der Messung konstant sind. Wird beispielsweise durch das Einschalten einer Klimaanlage eine externe Luftströmung erzeugt, ändert sich der thermische Widerstand zwischen Kühlkörper und Luft und damit auch die Zeitkonstante des LED-Systems.

Mit der bekannten Zeitkonstanten eines LED-Systems lassen sich auch die Methoden verschiedener Normen, die den Stabilisierungsgrad eines LED-Systems feststellen, bewerten. Der Vorteil der Stabilisierungsfunktion besteht darin, die komplette Änderung zu kennen, während die Normkriterien aus der Änderung des Lichtstroms den Zielwert schätzen. Dabei unterscheiden sich die Normkriterien hauptsächlich im Setzen des Messintervalls, das zwei gegensätzliche Probleme auf einmal lösen soll. Ist das Messintervall im Verhältnis zu groß, verschwinden die Stabilisierungsfehler, wodurch die ermittelte Stabilisierungszeit und damit die Messzeit sehr groß wird. Der umgekehrte Fall ergibt sich bei einem zu kleinen Messintervall im Vergleich zur Zeitkonstante. Dieses Stabilisierungskriterium ergibt angenehm kurze Messzeiten, es dafür ergeben sich allerdings zu große Stabilisierungsfehler. Eine richtige Balance zwischen diesen Fällen kann nur aus der Kenntnis der Zeitkonstanten eines LED-Systems erstellt werden.

Wenn die Normmethoden aufgrund der einfachen Bestimmung der Stabilisierungszeiten weiter verwendet werden sollen, müssen die Ergebnisse durch folgende Maßnahmen verbessert werden. Das Messintervall muss auf die Zeitkonstanten der zu vermessenden LED-Systeme abgestimmt werden. Dementsprechend könnten die LED-Systeme in Klassen eingeteilt werden, für die ein bestimmtes Messintervall gilt. Eine pragmatische Möglichkeit könnte das Einteilen in Leistungsklassen[10] darstellen. Weiterhin werden keine großen Abtastlängen benötigt und können durch ein kontinuierliches Kriterium ersetzt werden. Der tolerierbare Fehler hat dagegen keinen Einfluss auf das Funktionieren einer Methode nach Norm. Grundlegen können die Methoden nach Norm nur mit Kenntnis der Zeitkonstanten verbessert werden, was im Umkehrschluss wiederum als die Anwendung der Stabilisierungsfunktion zu verstehen ist.

Einen auf Temperatur basierenden Fehler kann die Stabilisierungsfunktion dagegen nicht ausgleichen. Ändert sich die Umgebungstemperatur der Messung, folgt dieser Änderung auch die Chiptemperatur und damit der Lichtstrom im thermisch stabilen Zustand. Diese Problematik gilt allerdings für alle Messungen von LED-Systemen und ist damit keine spezifische Schwäche der Stabilisierungsmethode.

---

[10]Die elektrische Eingangsleistung eines LED-Systems bedingt auch die Größe des Kühlkörpers, weshalb auch die Zeitkonstante des Kühlkörpers schwach von der Leistung abhängt.

Nachdem die Stabilisierungsfunktion hergeleitet, erklärt und auf die Anwendung warmer LED-Systeme erweitert ist, wird im Anschluss die Durchführung des Alterungstests beschrieben. In diesem Alterungstest wird die Stabilisierungsmethode verwendet, um die regelmäßigen Wiederholungsmessungen des Lichtstroms zu verkürzen.

KAPITEL 6

DURCHFÜHRUNG EINES ALTERUNGSTESTS ZUR LEBENSDAUERBESTIMMUNG VON LED-SYSTEMEN

Im folgenden Kapitel wird der Aufbau und die Durchführung eines Alterungstests zur Bestimmung der Lebensdauer von LEDs im System vorgestellt. In diesem Alterungstest wird zur Überprüfung der Funktionsfähigkeit der LED-Systeme alle 1.000 Stunden der Lichtstrom gemessen. Deshalb werden neben der Systemauswahl zunächst die getroffenen Maßnahmen erläutert, die der Reproduzierbarkeit der Wiederholungsmessungen dienen. Die Maßnahmen bestehen im Aufbau einer Messhalterung, um für einen gleichmäßigen Einbau in die Messumgebung zu sorgen, und um die Korrektur von Fehlern aufgrund unterschiedlicher Chiptemperaturen zwischen den Messungen zu ermöglichen. Diese thermischen Fehler werden einerseits durch die Anwendung der im Kapitel 5 beschriebenen Stabilisierungsfunktion und durch die Bestimmung des Einflusses der Umgebungstemperatur ausgeglichen. Abschließend werden die korrigierten Messdaten vorgestellt und ausgewertet.

6.1. VORBEREITUNG DES ALTERUNGSTESTS

Zur Vorbereitung des Alterungstests wird zunächst vorgestellt, wie der Test konzipiert wird. Das beinhaltet die Auswahl und Bezeichnung der zu messenden LED-Systeme sowie die Planung der Messintervalle. Um die Reproduzierbarkeit der einzelnen Wiederholungsmessungen erhöhen zu können, wird für jedes Muster eine Messhalterung entwickelt, die einen komfortablen Ein- und Ausbau im Brennstand und der Messumgebung gewährleistet.

6.1.1. AUSWAHL UND BEZEICHNUNG DER LED-SYSTEME

Im Alterungstest zur Bestimmung der Lebensdauer von LEDs im System werden zehn verschiedene LED-Systeme mit einer Stichprobengröße von 20 Mustern gealtert. Den größten Anteil des Alterungstests bilden sogenannte LED-Retrofit-Systeme, da Retrofits für Privatanwender eine dominierende Marktstellung vorhergesagt wird [50]. Acht Retrofits sollen eine breite Marktpalette abbilden, was sowohl finanzielle als auch technische Aspekte beinhaltet.

Vom finanziellen Aspekt her deckt der Alterungstest mit Retrofits zwischen 10 und 50 Euro ein großes Preissegment ab, während auf technischer Seite sich auf weiße LED-Systeme beschränkt wird. Diese weißen LED-Systeme unterteilen sich in LED-Systeme mit chipnahmen und Remote Phosphor, sowie einem LED-System, das für einen besseren Farbwiedergabeindex aus eine Mischung zwischen weißen und roten LEDs besteht.

Für einen Alterungstest haben die Retrofits zusätzlich den Vorteil, dass sie bei Auslieferung bereits komplett betriebsbereit sind, da das notwendige EVG sowie ein Kühlkörper im LED-System integriert sein müssen. Dementsprechend müssen keine weiteren Komponenten zu den LED-Systemen hinzugefügt werden. Die Retrofit-Systeme werden alle mit Netzspannung über eine E27-Fassung betrieben.

Neben den acht unterschiedlichen Retrofits werden zwei sogenannte Light-Engines untersucht, bei denen sich das LED-System folgendermaßen zusammensetzt: Den Hauptbestandteil bildet das Light-Engine-Modul. Dieses besteht aus einem LED-Array in einem Gehäuse, dass auf der Rückseite eine definierte Wärmeübergangsfläche hat. Zusätzlich gibt es eine Aufnahme für einen Steckverbinder, mit dem ein für das Light-Engine-Modul entwickeltes EVG verbunden werden kann. Das EVG wird wiederum mit Netzspannung betrieben.

Die Kobination von Light-Engine-Modul und EVG alleine kann nicht im Alterungstest verwendet werden, da die Wärmeübergangsfläche kein Kühlkörper ist. Deshalb werden die Light-Engine-Module im Alterungstest um einen aktiv gekühlten Kühlkörper erweitert. Sowohl Kühlkörper als auch Jetlüfter sind jeweils vom Hersteller für die Light-Engine-Module spezifiziert, wobei der Jetlüfter ebenfalls über das EVG betrieben wird [51]. Diese so aufgebauten Gesamtsysteme bilden folglich die letzten beiden LED-Systeme der Alterungsmessung.

Zur Kennzeichnung und verbesserten Zuordnung der Messdaten in der Datenbank des Alterungstests werden den verschiedenen LED-Systemen interne Namen vergeben. Die internen Namen setzen sich aus dem Namen des Forschungsprojektes, einer Nummer für das LED-System und einer Nummer für das zusammen. Somit wird beispielsweise das neunte Muster des zweiten LED-Systems mit dem Namen UNL-02-09 bezeichnet.

Da in der Regel Mittlungen über die Muster der LED-Systeme durchgeführt werden, wird häufig der Median einer Messgröße gebildet. In dem Fall wird die Nummer der Muster weggelassen und nur die Systemnummer verwendet.

Zur besseren Einordnung der Messergebnisse kann gesagt werden, dass die Retrofits die Nummern UNL-01 bis UNL-08 besitzen, während die Light-Engines mit UNL-09 und UNL-10 bezeichnet werden. Nach der Auswahl der LED-Systeme wird im Anschluss die entwickelte Messhalterung vorgestellt, mit der die Reproduzierbarkeit der Messwerte erhöht werden soll.

6.1.2. HALTERUNG FÜR MESSUNG UND BRENNSTAND

Im Alterungstest soll die Langzeitdegradation des Lichtstroms der LED-Systeme bestimmt werden, weshalb der Lichtstrom der LED-Systeme alle 1.000 Stunden gemessen wird. Damit diese Wiederholungsmessungen möglichst reproduzierbar durchgeführt werden können, sollte ein immer gleicher Einbau der Muster in die U-Kugel sichergestellt werden. Darüber hinaus besteht bei einem wiederholten Ein- und Ausbau der Muster aus der Fassung die Gefahr einer mechanischen Beschädigung. Deshalb wird eine Halterung aufgebaut, in der die Muster fest eingebaut sind. In dieser Halterung können die System dann sowohl in der U-Kugel vermessen als auch in den Brennstand eingebaut werden.

Die Basis der Messhalterungen besteht aus einer 25×30 cm^2 Aluminiumverbundplatte[1], die als Trägermaterial dient. Die Größe der Aluminiumverbundplatte ist sowohl dem Gestell des Brennstandes angepasst als auch für die Aufnahme in die U-Kugel ausgelegt. In die Platte wird ein Steckkontakt für einen Steckverbinder angebracht, über den ein verbauter Thermofühler kontaktiert werden kann. Aufgrund der Lage des Steckkontakts ergibt sich für die Platte eine Chiralität, weshalb die Platte nur mit einer eindeutigen Möglichkeit reproduzierbar in der U-Kugel positioniert werden kann.

Die LED-Systeme werden auf zwei unterschiedliche Arten an der Platte befestigt. Für die Retrofits wird eine E27-Fassung an die Unterseite der Platte geschraubt. Folglich wird der Retrofit bei einer horizontaler Auflage der Platte in einer Halterung nach unten frei hängend betrieben. Auf der Oberseite befindet sich der Stecker zur elektrischen Versorgung der Fassung. Die Halterung für die Retrofit-Systeme wird in Abbildung 6.1a gezeigt.

---

[1] Aluminiumverbundplatten besten aus Aluminium, Polyethylen und Polyester, das den Platten bei einem geringen Eigengewicht eine hohe Stabilität verleiht.

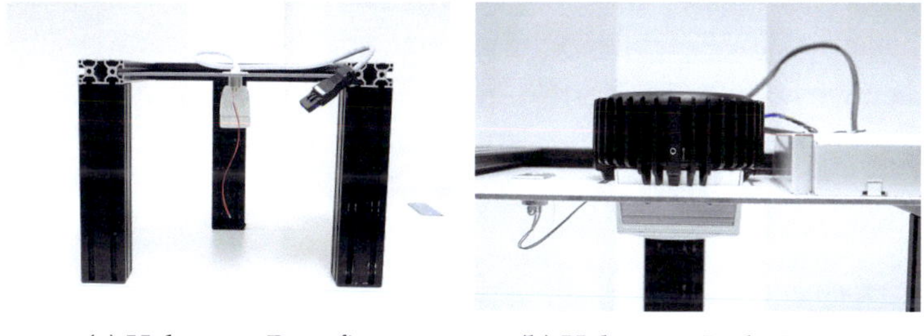

(a) Halterung Retrofits   (b) Halterung Light-Engines

Abbildung 6.1.: Halterungen der LED-Systeme im Alterungstest mit elektrischem Anschluss auf der Oberseite und eine
einheitlichen Brennlage.

Für die Light-Engines ist die Messhalterung folgendermaßen aufgebaut. In die Aluminiumverbundplatte wird eine Öffnung gebohrt,
durch die das Light-Engine-Modul passt und der Rand des Kühlkörpers aufliegt. An diesen Auflagepunkten wird der Kühlkörper auf der
Oberseite mit der Aluminiumverbundplatte verschraubt. Das ergibt
die gleiche Brennlage wie bei den Retrofit-Systemen. Ebenfalls auf der
Oberseite der Platte wird das EVG auf der Aluminiumverbundplatte
mit Schrauben befestigt, so dass sich die elektrische Versorgung wie
bei der Retrofit-Halterung auf der Oberseite befindet. Die Halterung
der Light-Engine-Systeme ist an Abbildung 6.1b zu sehen.

Der über den Steckkontakt verbundene Thermofühler dient zur Kontrolle einer definierten Systemtemperatur. Bei den Retrofit-Systemen
ist der Thermofühler mit Wärmeleitkleber am Kühlkörper verklebt,
während er bei den Light-Engines am thermischen Übergang zwischen
Light-Engine und Kühlkörper angebracht ist. Diese Thermofühler dienen zur Überwachung der Muster, um Unregelmäßigkeiten feststellen
zu können.

Die so präparierten Muster können in den Alterungstest aufgenommen werden. Im Anschluss wird gezeigt, wie die Messwerte bestimmt und einige notwendige Korrekturen aufgrund unterschiedlicher Chiptemperaturen in der Messung durchgeführt werden.

6.2. MESSUNG UND KORREKTUR DES LICHTSTROMS

Bevor der Alterungstest beginnt, wird zur Eingangscharakterisierung der Lichtstrom mit dem in Abschnitt 3.2.1 beschriebenen Nahfeldgoniometer Rigo801 vermessen. Der Median der aus der Nahfeldmessung resultierenden Lichtströme der einzelnen LED-Systeme steht in Tabelle 6.1 unter den Φ_∞-Werten.

Da zur Bestimmung der Lichtstromdegradation nur relative Lichtstromwerte verglichen werden, genügt es, den Lichtstrom mit einer U-Kugel zu messen. Aus dem Messergebnis der U-Kugel bei null Brennstunden kann folglich jeder Messwert aus der U-Kugel auf den absoluten Lichtstromwert des Nahfeldgoniometers zurückgeführt werden.

Durch die Verwendung einer U-Kugel kann die Dauer der Wiederholungsmessung bereits um die Messzeiten des Nahfeldgoniometers reduziert werden. Allerdings hat die Stabilisierungszeit ebenfalls einen sehr starken Einfluss auf die Durchführbarkeit der Wiederholungsmessungen, wie bereits in Abschnitt 5.1.1 dargestellt wird.

Deshalb wird in der Auswertung der Messwerte die Stabilisierungsfunktion angewendet, was zu einer deutlichen Reduzierung der Stabilisierungszeiten führt. Es wird im Anschluss gezeigt, wie die Stabilisierungsfunktion an die Messwerte im Alterungstest angepasst werden kann, welche Probleme es gibt und wie zusätzlich die Messzeit verkürzt werden kann. Abschließend wird außerdem beschrieben, wie eine leichte Veränderung der Umgebungstemperatur im Labor korrigiert werden kann.

6.2.1. Bestimmung des Lichtstroms mithilfe der Stabilisierungsfunktion

Die Messergebnisse der relativen Lichtstrommessung der LED-Systeme entsprechen dem Φ_∞-Wert der Stabilisierungsfunktion. Um Φ_∞ bestimmen zu können, muss für jedes LED-System zunächst das Anpassungsintervall gefunden werden, was im Anschluss beschrieben wird. Danach wird gezeigt, welche Rückschlüsse das Verhalten des Lichtstroms vor dem Anpassungsintervall zulässt und in welcher Art durch ein vorheriges Betreiben der Muster die Stabilisierungszeit noch weiter verkürzt werden kann.

Anpassung kalter LED-Systeme

Nach der zeitaufgelösten Messung des relativen Lichtstroms in der U-Kugel kann die Stabilisierungsfunktion an die Messwerte angepasst werden. Zu diesem Zweck muss jedoch zuerst ein Anpassungsintervall für jedes LED-System bestimmt werden.

Da die Zeitkonstante eines LED-Systems bei der ersten Messung unbekannt ist, darf die Länge der ersten Stabilisierungsmessung zur Charakterisierung eines unbekannten LED-Systems nicht zu kurz sein, damit das Ende des Anpassungsintervalls von zwei Zeitkonstanten noch in der Messung enthalten ist. Bei den vermessenen Retrofit-Systemen mit bis zu 10 W elektrischer Anschlussleistung[2] sollte diese erste Messzeit mindestens 40 Minuten betragen. Für die Light-Engine-Systeme ist sogar mehr als eine Stunde notwendig. Zur praktischen Durchführung wird deshalb die Messzeit des ersten Musters eines unbekannten

---

[2]Die Anschlussleistung beeinflusst primär nicht die Stabilisierungszeit, steht aber in einem direkten Zusammenhang mit der Kühlkörperzeitkonstante, da eine größere Leistung einen größeren Kühlkörper verlangt.

LED-Systems deutlich größer als eine Stunde gewählt, um dann nach der Bestimmung der Stabilisierungsfunktion des ersten Musters die Messzeit an die bestimmte Zeitkonstante anzupassen. Der Median der ermittelten Koeffizienten der Stabilisierungsfunktion für jedes LED-System des Alterungstests ist in Tabelle 6.1 aufgelistet oder anhand eines Beispielmusters in Anhang B in Abbildung B.1 zu sehen.

Durch den Vergleich der Messwerte vor dem Anpassungsintervall mit der Stabilisierungsfunktion lassen sich einige Rückschlüsse auf das betrachtete LED-System ziehen. So liegt beispielsweise bei System UNL-09 der Lichtstrom bei kurzen Zeiten deutlich oberhalb der Stabilisierungsfunktion, was sich aus der Herleitung der Stabilisierungsfunktion erklären lässt. So ist nach Gleichung 5.12 die LED im Zeitbereich der vernachlässigten Zeitkonstanten kälter, als es von der Stabilisierungsfunktion her erwartet wird. Folglich sollte kurz nach dem Einschalten der Lichtstrom immer oberhalb der Stabilisierungsfunktion liegen.

Ein Lichtstrom oberhalb der Stabilisierungsfunktion kann jedoch nicht beim System UNL-03 bestimmt werden. Bei diesem LED-System liegt der gemessene Lichtstrom fast die ganze Zeit auf der angepassten Stabilisierungsfunktion, was sich folgendermaßen erklären lässt: Die zweitgrößte Zeitkonstante beim System UNL-03 ist so klein, dass sie von der Messung nicht mehr aufgelöst werden kann. Dementsprechend kann der höhere Lichtstrom in der Messung nicht mehr festgestellt werden. Die Messung und Anpassung der Stabilisierungsfunktion an die Systeme UNL-09 und UNL-03 sind in Abbildung 6.2 zu sehen.

Neben den vorgestellten Beispielen gibt es einige LED-Systeme, deren zeitliche Änderung des Lichtstroms vor dem Anpassungsintervall nicht allein mit thermodynamischen Gesichtspunkten erklärt werden kann. So zeigt beispielsweise System UNL-08 einen Lichtstrom, der

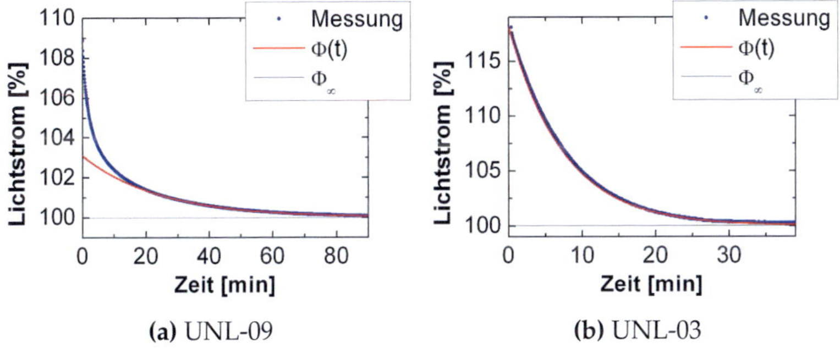

(a) UNL-09   **(b)** UNL-03

Abbildung 6.2.: Lichtstrom in der Stabilisierungsphase der Systeme UNL-09 und UNL-03.

zu kurzen Zeiten deutlich unterhalb der Prognose der Stabilisierungsfunktion bleibt, was in Abbildung 6.3a zu sehen ist. Eine Erklärung für dieses Phänomen liegt in der Stromversorgung durch das EVG. Das EVG erhöht aufgrund der eigenen thermischen Stabilisierung nach dem Einschalten allmählich den Betriebsstrom, weshalb der Lichtstrom aufgrund der Stromerhöhung leicht der thermischen Degradation entgegenwirkt.

Einen Sonderfall im Alterungstest stellt das System UNL-05 dar, was in Abbildung 6.3b zu sehen ist. In System UNL-05 erhöht sich der Lichtstrom die ersten zehn Minuten, was auf ein Regelung des Lichtstroms nach dem Einschalten zurückgeführt werden kann.

Folglich kann das System UNL-05 nicht ohne weiteres durch die Stabilisierungsfunktion angepasst werden. Bei den meisten Mustern gibt es die Möglichkeit, durch folgendes Verfahren eine Anpassung zu ermöglichen. So kann die Wartezeit von einer Zeitkonstante bis zum Start des Anpassungsintervalls erst nach dem Erreichen des höchsten Lichtstromwerts gestartet werden. Damit ergibt sich im Anpassungsintervall das temperaturabhängige Verhalten, das mit der Stabilisierungs-

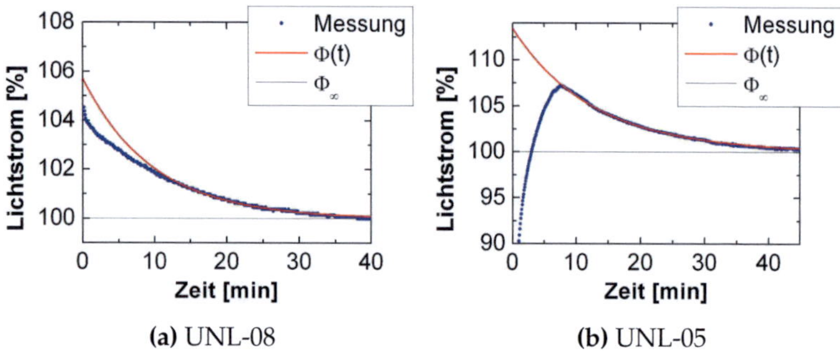

Abbildung 6.3.: Lichtstrom in der Stabilisierungsphase der Systeme UNL-08 und UNL-05.

funktion nachgebildet werden kann. Bei anderen Mustern von System UNL-05 zeigt sich nach dem Einschalten eines kalten LED-Systems noch eine weitaus längere Zeit die Einflüsse der Stromregelung, was durch eine sprunghafte Änderung des Lichtstroms zu erkennen ist. Eine Anpassung dieser Muster ist nur durch das manuelle Setzen des Anpassungsintervalls hinter solche Sprünge möglich.

Deutlich stabiler zeigt sich die Stromversorgung aus dem EVG bei LED-Systemen, die bereits vorher thermisch stabilisiert werden. Daraus ergibt sich die Möglichkeit, das Anpassungsintervall früher beginnen und enden zu lassen, was im Anschluss gezeigt wird.

ANPASSUNG WARMER LED-SYSTEME

In Abschnitt 5.3 wird gezeigt, dass ein thermisch stabiles LED-System nach dem Umsetzen nicht mehr als thermisch stabil betrachtet werden darf. Weiterhin ist der aktuelle Stabilisierungsgrad unbekannt, bevor für das LED-System die äquivalente Stabilisierungszeit bestimmt werden kann. Das Vermessen warm umgesetzter Systeme hat trotzdem einige Vorteile:

So hat das EVG die Phase der Stabilisierung hinter sich und liefert nach dem wiederholten Einschalten einen konstanten Betriebsstrom. Außerdem startet das LED-System auf einer höheren Temperatur, weshalb sich auch die kurzen Zeitkonstanten deutlich verkürzen. Folglich kann das Anpassungsintervall früher beginnen und dementsprechend auch früher beendet werden. Somit können die Wiederholungsmessungen deutlich verkürzt und nach folgendem Schema durchgeführt werden:

Die LED-Systeme werden vor der Wiederholungsmessung außerhalb der U-Kugel stabilisiert. Die dafür angefertigte Halterung bietet Platz für das Stabilisieren von fünf LED-Systemen. Wenn die eigentliche Messung beginnt, wird ein LED-System ausgeschaltet, in die U-Kugel umgesetzt und nach dem erneuten Einschalten für die Zeit t_M gemessen.

Folglich wird jedes LED-System vor der Messung minestens für die Zeit von fünfmal t_M stabilisiert und ein Stabilisierungsintervall der Länge t_M gemessen. Der resultierende Messwert der Wiederholungsmessung Φ_∞ folgt aus einer Anpassung an die Messwerte, die über ein Anpassungsintervall von $\frac{1}{2}t_M$ bis t_M durchgeführt wird.

Die verwendete Länge des Messintervalls wird aus Gründen der einfacheren Durchführung im Labor nicht für jedes LED-System individuell ermittelt, sondern in zwei Klassen eingeteilt. So werden die LED-Systeme mit den größeren Zeitkonstanten 20 Minuten vermessen, während LED-Systeme mit kleineren Zeitkonstanten 15 Minuten vermessen werden. Die genaue Aufteilung der Messlänge steht in Tabelle 6.1.

Unabhängig, ob die Stabilisierungsfunktion eines vorher stabilisierten oder eines kalten LED-Systems bestimmt wird, wird für dieses LED-System der Lichtstrom im thermisch stabilen Zustand in Abhängigkeit

Tabelle 6.1.: Median bestimmter Parameter der LED-Systeme des Alterungstests.

System	A_k [%]	$\Phi_\infty(t=0)$ [lm]	τ [min]	t_M [min]	m_{25} $\left[\frac{\%}{K}\right]$
UNL-01	6,6	844	17,3	20	0,256
UNL-02	14,8	341	15,6	20	0,24
UNL-03	18,2	591	7,1	15	0,61
UNL-04	7,5	92	7,6	15	0,40
UNL-05	22,7	340	10,6	15	0,32
UNL-06	26,0	428	10,4	15	0,59
UNL-07	8,0	412	14,4	15	0,22
UNL-08	5,2	458	12,8	15	0,14
UNL-09	3,0	1974	24,4	20	0,078
UNL-10	2,8	2086	34,5	20	0,20

zur Umgebungstemperatur bestimmt. Deshalb wird im Anschluss überprüft, wie stark der Einfluss der Umgebungstemperatur auf den Lichtstrom im thermisch stabilen Zustand ist.

6.2.2. KORREKTUR DES EINFLUSSES DER UMGEBUNGSTEMPERATUR

Wie in Kapitel 4 beschrieben wird, hängt die Chiptemperatur einer LED im thermisch stabilen Zustand linear von der Umgebungstemperatur ab. Folglich hat die Umgebungstemperatur auch einen direkten Einfluss auf den emittierten Lichtstrom der LED-Systeme, weshalb in Messnormen für LED-Systeme die Umgebungstemperatur auf einen Wert von 25$\pm$1 °C festgeschrieben wird [44].

Aufbaubedingt unterliegt die Umgebungstemperatur im Messlabor einer gewissen jahreszeitabhängigen Temperaturschwankung. Deshalb kann zwischen den Wiederholungsmessungen das Normintervall von 2 °C nicht eingehalten und es muss mit Unterschieden von bis zu 6 °C gearbeitet werden. Eine typische Verteilung der Umgebungstemperaturen aufgetragen über den Zeiten der verschiedenen Wiederholungsmessungen ist in Abbildung 6.5a zu sehen. Dabei fällt besonders der Messzyklus bei 2.000 Stunden aus dem Rahmen, der im Sommer stattfindet.

Deshalb wird für jedes LED-System der Einfluss der Umgebungstemperatur auf den Lichtstrom nachgemessen, um die Auswirkungen von Schwankungen der Umgebungstemperatur auf den gemessenen Lichtstrom in den Wiederholungsmessungen ausgleichen zu können. Zu diesem Zweck dient ein Aufbau, mit dem eine relative Lichtstromänderung im thermisch stabilen Zustand bei einer frei einstellbaren Umgebungstemperatur gemessen werden kann.

Die Umgebungstemperatur lässt sich in einer Klimakammer regeln, deren Innenraum allerdings zu klein für die U-Kugel ist. Da die Lichtstromänderungen der LED-Systeme nur relativ gemessen werden müssen, genügt es, eine diffus reflektierende Umgebung für die LED-Systeme zu bauen, die einer U-Kugel nachempfunden sind. Deshalb kann die für die Messung notwendige U-Kugel durch eine innen weiß gestrichene Kiste ersetzt werden. Die obere Öffnung dieser Kiste entspricht genau der Größe der Aluminiumverbundplatten zur Halterung der LED-Systeme und an der Unterseite befindet sich ein Detektor, der durch eine Blende vor der direkten Lichteinstrahlung des LED-Systems geschützt wird. Die ganze Kiste, die in Abbildung 6.4 zu sehen ist, befindet sich für die Messung in der Klimakammer.

An Stelle des Detektors an der Unterseite der Kiste befindet sich die Einkoppeloptik einer Glasfaser, die das Licht in das Spektrometer CAS 140 führt [41]. Das Spektrometer befindet sich außerhalb der

Abbildung 6.4.: Einer U-Kugel nachempfundene Kiste zur Messung der relativen Lichtstromänderung.

Klimakammer, damit die Umgebungstemperatur keinen Einfluss auf die relative Lichtstrommessung nimmt. Wegen des thermischen Einflusses auf die Messung wird ein Spektrometer und kein Photometer als Detektor verwendet. Der Photometerkopf müsste während der Messung unterhalb der Kiste angebracht werden und würde deshalb dem thermischen Einfluss der Klimakammer unterliegen.

Zur Durchführung der Messung wird das LED-System in der Kiste betrieben und die Umgebungstemperatur über die Klimakammer eingestellt. Innerhalb der Kiste wird parallel die Umgebungstemperatur gemessen, um einerseits die Stabilität der Umgebungstemperatur zu kontrollieren und andererseits die Eigenerwärmung der Temperatur in der Kiste durch das LED-System zu bestimmen. Die Messungen werden in einem Temperaturintervall von ΔT_u=16 °C durchgeführt, um die Änderung des Lichtstroms in einer guten Näherung linearisieren zu können.

Da mit diesem Messaufbau keine zeitabhängige Stabilisierungskurve aufgenommen werden kann, muss der aufgenommene Messwert möglich nah an Φ_∞ liegen, weshalb die LED-Systeme lange genug stabilisiert werden müssen. Um eine hinreichende Stabilisierung zu gewährleisten, wird ein Kriterium von $F_S(t_{stab})<0,1\,\%$ gewählt, was für die unterschiedlichen LED-Systeme zu Stabilisierungszeiten zwischen einer und zwei Stunden führt. Als Ergebnis der Messung kann nach Auftragung des relativen Lichtstroms über der Umgebungstemperatur die Geradensteigung m_b ermittelt werden, deren auf 25 °C normierten Werte in Tabelle 6.1 zu sehen sind. Mithilfe der gemessenen Geradensteigung m_b kann folglich für ein LED-System der Lichtstrom bei einer beliebigen Umgebungstemperatur berechnet werden:

$$\Phi_{Tu} = \Phi_b(1 - m_b(T_u - T_b)) \tag{6.1}$$

Dabei ist Φ_{Tu} der Lichtstrom im thermisch stabilen Zustand bei der Umgebungstemperatur T_u und Φ_b der Lichtstrom bei einer Bezugstemperatur. Um die Wiederholungsmessungen des Alterungstests mit den gängigen Normen in Einklang zu bringen, wird eine Bezugstemperatur von 25 °C gewählt, auf die alle Messwerte korrigiert werden. Daraus ergibt sich Gleichung 6.2 zur Korrektur der in den Wiederholungsmessungen bestimmten Lichtstromwerte:

$$\Phi_{25} = \frac{\Phi_\infty}{1 - m_{25}(T_u - 25°C)} \tag{6.2}$$

Am Beispiel von System UNL-03 kann der Einfluss der Temperaturkorrektur auf den gemessenen Lichtstrom gezeigt werden, was auch in Abbildung 6.5b zu sehen ist.

So fällt beim Median von UNL-03 der Messwert bei 2.000 Stunden ca. 2 % aus der Reihe, da die Labortemperatur ca. zwei bis drei Grad oberhalb der Temperatur der anderen Messzeiten liegt. Resultierend wird ein Lichtstrom gemessen, der deutlich unterhalb dem der anderen Zeiten liegt. Wird dagegen der auf 25 °C normierte Lichtstrom

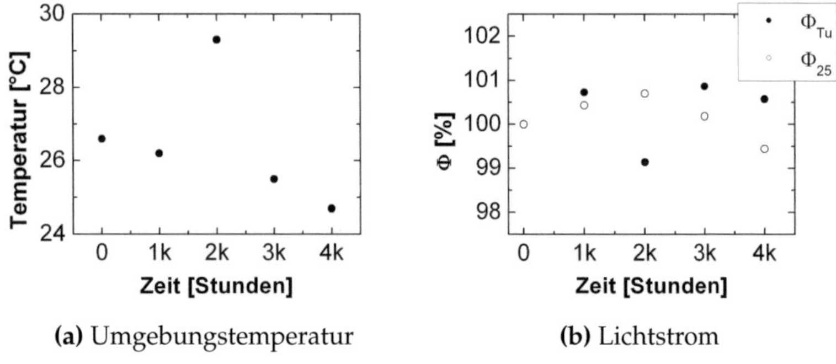

(a) Umgebungstemperatur   (b) Lichtstrom

Abbildung 6.5.: a) Die Umgebungstemperaturen während der verschiedenen Zeitpunkte der Wiederholungsmessungen und b) die daraus resultierende Korrektur Φ_{25} der gemessenen Lichtstromwerte Φ_{Tu} von System UNL-03.

betrachtet, ergibt der Lichtstrom bei 2.000 Stunden sogar den höchsten Wert, an den sich die prognostizierte Langzeitdegradation der LED anschließt.

Zur Bewertung der Temperaturkorrektur wird in einem Vorgriff auf den folgenden Abschnitt die gemessene Lichtstromdegradation nach TM-21 an Gleichung 2.6 angepasst. Für den korrigierten Lichtstromwert ergibt sich ein berechneter L_{70}-Wert von 87.500 Stunden, was auch in Tabelle 6.2 zu sehen ist. Wird dagegen der unkorrigierte Lichtstrom angepasst, ergeben die Messwerte eine negative Degradation mit einem berechneten L_{70}-Wert von -438.000 Stunden. Das bedeutet, dass die gemessene Lichtstromdegradation vom Messfehler einer sich ändernden Umgebungstemperatur überlagert wird.

Aus diesem Grund werden die Messwerte des Alterungstests alle über die gemessene Umgebungstemperatur korrigiert, bevor sie ausgewertet werden. Die Analyse der in den Wiederholungsmessungen bestimmten Lichtstrommessungen wird im Anschluss erläutert.

6.3. BEWERTUNG DER LICHTSTROMDEGRADATION

Es gibt vielfältige Möglichkeiten, eine Alterungsmessung auszuwerten. Die klassische Methode, die auch in Kapitel 2 beschrieben wird, wäre, die Zeitpunkte der jeweils ausgefallenen LED-Systeme in ein Weibull-Netz aufzutragen. Zur Anwendung dieser Methode müsste allerdings die Alterung so lange fortgeführt werden, bis ein Großteil der Muster ausgefallen ist, was bei LED-Systemen den zeitlichen Rahmen eines Alterungstest überfordern würde.

Alternativ besteht die Möglichkeit, eine Lebensdauerprognose auf die Extrapolation der Lichtstromdegradation der LED-Systeme aufzubauen. Diese Methode, die in der folgenden Auswertung des Alterungstest angewendet wird, setzt voraus, dass der Lichtstrom in regelmäßigen Abständen gemessen wird. In Anlehnung an die Norm TM-21 wird in diesem Alterungstest mit Messintervallen von 1.000 Stunden gearbeitet. Die Auswertung wird ebenfalls analog zu TM-21 durchgeführt. Demnach werden die Messwerte der Lichtstromdegradation an Gleichung 2.6 angepasst.

$$\Phi(t) = Be^{-\alpha t} \tag{6.3}$$

Als Ergebnis des Alterungstests wird der $L_{70}B_{50}$-Wert bestimmt, der als Lebensdauer der LEDs in den Systemen interpretiert wird. Der $L_{70}B_{50}$-Wert eines LED-Systems entspricht dem L_{70}-Wert des Medians der normierten Messwerte aller Muster eines LED-Systems, weshalb im Anschluss jeweils nur der Median des Systems betrachtet wird.

Die Ergebnisse des Alterungstests für alle LED-Systeme sind in Tabelle 6.2 aufgelistet. Die Tabelle beinhaltet mit der Zerfallsrate α und dem projizierten Lichtstrom B die Fitparameter der Anpassung sowie den extrapolierten L_{70}-Wert. Da dieser Auswertung Daten bis zu einer Brenndauer von 4.000 Stunden zugrunde liegen, dürfen die Lichtstromwerte nur um einen Faktor sechs über die Brenndauer extrapoliert werden. Somit beschreibt der in der zweiten Spalte eingetragene

$L_{70}(4k)$-Wert das Ergebnis des Alterungstests, in der keine L_{70}-Werte über 24.000 Stunden angegeben werden dürfen.

Für drei LED-Systeme werden zusätzlich die Messwerte mit angepasster Extrapolation in linearer und logarithmischer Auftragung dargestellt, was in Abbildung 6.6 zu sehen ist.

Tabelle 6.2.: Auswertung des Alterungstests nach 4.000 Stunden. Die berechneten L_{70}-Werte in der letzten Spalte sind berechnete Zahlenwerte und müssen im Kontext mit ihrer Gültigkeit gesehen werden.

System	$L_{70}(4k)$ [h]	α [μh]	B	L_{70} [h]
UNL-01	> 24.000	-0,07	1,02	-5.445.000
UNL-02	> 24.000	8,91	0,96	34.900
UNL-03	> 24.000	4,20	1,01	87.500
UNL-04	> 24.000	4,97	1,01	73.200
UNL-05	14.400	27,5	1,04	14.400
UNL-06	> 24.000	-0,18	0,98	-1.871.000
UNL-07	16.400	22,5	1,01	16.400
UNL-08	> 24.000	2,10	1,03	185.000
UNL-09	> 24.000	1,58	1,02	236.000
UNL-10	> 24.000	2,18	1,00	163.000

Diese drei LED-Systeme stehen für drei mögliche Resultate des Alterungstests und teilen sich folgendermaßen ein: Der erste Fall repräsentiert LED-Systeme für die die berechneten L_{70}-Werte unterhalb von 24.000 Stunden liegen und für die sich somit ein als Lebensdauer interpretierbarer L_{70}-Wert berechnen lässt. So kann für System UNL-07 eine Lebensdauer von ca. 16.400 Stunden angeben werden und für System UNL-05 ein Wert von ca. 14.400 Stunden. Für System UNL-07

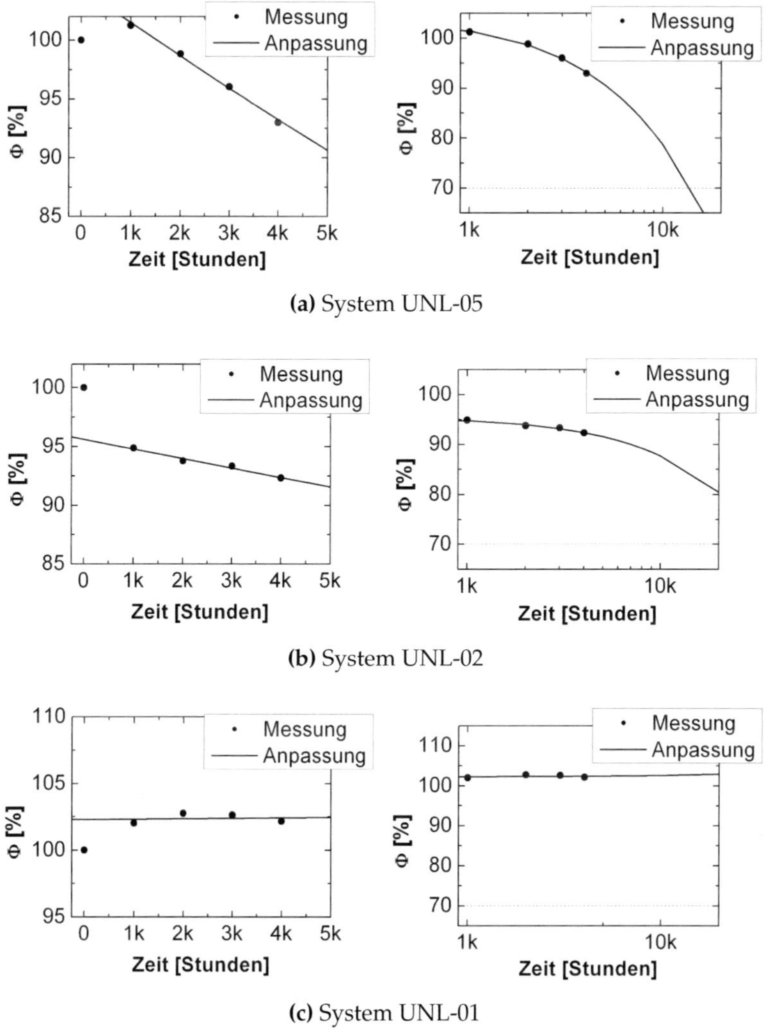

(a) System UNL-05

(b) System UNL-02

(c) System UNL-01

Abbildung 6.6.: Messwerte des Alterungstests bis 4.000 Stunden mit durchgeführter Anpassung in linearer und logarithmischer Auftragung, die bis 24.000 Stunden extrapoliert wird.

ist das Ergebnis kein Problem, da es eher als preisgünstig zu bezeichnen ist und der Hersteller für dieses LED-System keine Lebensdauer angibt. Bei System UNL-05 dagegen wirbt ein namhafter Hersteller auf der Verpackung mit einer Lebensdauer von 35.000 Stunden, was bereits nach 4.000 Betriebsstunden stark angezweifelt werden muss. Einen endgültigen Beweis für eine geringere Lebensdauer kann die Extrapolation jedoch nicht erbringen. Die Degradation von UNL-05 wird in Abbildung 6.6a gezeigt.

Der zweite Fall betrifft die Mehrheit der untersuchten LED-Systeme und zeigt eine Lichtstromdegradation, aus der auch ein L_{70}-Wert berechnet werden kann. Der resultierende L_{70}-Wert ist bei diesen LED-Systemen allerdings größer als die bei 4.000 Messstunden maximal erlaubten Angabe der Lebensdauer von 24.000 Stunden. Folglich wird als Messergebnis für diese LED-Systeme ein Wert von $L_{70}(4k) > 24.000$ h bestimmt. Eine für diesen Fall typische Lichtstromdegradation zeigt System UNL-02 und ist in Abbildung 6.6b zu sehen.

Einen Sonderfall von Fall zwei ergibt sich beispielsweise beim System UNL-01, dessen Lichtstromdegradation in Abbildung 6.6c gezeigt wird. Bei diesem LED-System wird ein Lichtstrom gemessen, der über die Messzeit nahezu konstant bleibt. Somit ergibt sich rechnerisch ein negativer L_{70}-Wert, was bedeutet, dass wiederum eine Lebensdauer größer als 24.000 Stunden angegeben werden kann.

Abschließend kann gesagt werden, dass der Alterungstest bereits ein Zwischenfazit zulässt, aber nicht als abgeschlossen betrachtet werden kann und deshalb noch einige tausend Stunden weitergeführt werden muss. Nachdem eine Zwischenbewertung der LED-Systeme im Alterungstest durchgeführt ist, werden im Anschluss die Ergebnisse des Alterungstests noch ausführlich besprochen.

6.4. Diskussion

Ein Alterungstest ist die klassische Methode, die Lebensdauer technischer Systeme zu bestimmen. In der Anwendung eines Alterungstests auf LED-Systeme besteht die Problematik, dass der Test aus Zeitgründen nicht bis zum Ausfall der LED-Systeme durchgeführt werden kann. Um aus der kürzeren Testdauer trotzdem eine Aussage über die Lebensdauer des LED-Systems gewinnen zu können, wird in Anwendung der Lebensdauerprognose von LEDs die Lichtstromdegradation des LED-Systems extrapoliert.

Die klassische Methode der Verkürzung eines Alterungstests besteht darin, die Testobjekte bei höheren Umgebungstemperaturen zu betreiben. Eine solche Verkürzung würde auch bei LED-Systemen funktionieren, scheitert in der Umsetzung aber an folgender Problematik: Bei den Ergebnissen des beschleunigten Tests muss abgesichert werden, dass die erhöhte Temperatur keine neue Ausfallprozesse aktiviert hat. Somit müssen für jeden beschleunigten Alterungstest Vergleichsdaten des unbeschleunigten Tests vorliegen.

Diese Problematik kann mit der Methode der Extrapolation des Lichtstroms umgangen werden, da sich nach einer vergleichsweise kurzen Dauer des unbeschleunigten Tests bereits ein größerer L_{70}-Wert prognostizieren lässt. Weiterhin werden bei der Durchführung des Alterungstests keine Angaben der LED-Chiphersteller zur Lebensdauer der LEDs benötigt, da die Lichtstromdegradation selbständig gemessen wird.

Um die Daten der Lichtstromdegradation zu erhalten, muss ein großer messtechnischer Aufwand betrieben werden, da sich Fehler in der Lichtstrommessung stark auf die Extrapolation des Lichtstroms und damit auf die prognostizierte Lebensdauer auswirken. Aus diesem Grund wird im Zuge des Alterungstests die Methode zur analytischen

Beschreibung der thermischen Stabilisierung von LED-Systemen entwickelt, um den Fehler der mangelnden thermischen Stabilisierung zu eliminieren und die pro Wiederholungsmessung notwendige Messzeit zu reduzieren. Die Verkürzung der Mess- bzw. der Stabilisierungszeit ist notwendig, um den personellen Aufwand und damit die Kosten des Alterungstests so gering wie möglich zu halten. Weiter sollte auf eine ausreichende Klimatisierung des Messlabors geachtet werden, um einen Einfluss der Umgebungstemperatur zu vermeiden.

Ein Nachteil der Methode der Extrapolation des Lichtstroms besteht allerdings darin, dass die ermittelte Lebensdauer nur eine Aussage über die Lichtstromerhaltung und damit den L_{70}-Wert der LEDs im System macht. Falls ein LED-System dagegen aufgrund eines Totalausfalls einer LED oder des Ausfalls eines anderen Bauteils nicht mehr funktioniert, kann auf diese Ausfallwahrscheinlichkeit nicht durch die Lichtstromdegradation geschlossen werden. Folglich ergeben sich aus der Extrapolation zwei Lebensdauern. Die erste Lebensdauer definiert sich aus der Lichtstromdegradation und ist gleich dem L_{70}-Wert im zeitlichen Rahmen der maximal zulässigen Vorhersage.

Die zweite Lebensdauer entspricht der Länge des Alterungstests und enthält dementsprechend alle Bauteile des LED-Systems. Ergeben sich in dieser Phase einige wenige Ausfälle, muss die Problematik der Frühausfälle beachtet werden. So fielen im Alterungstest zwei der zwanzig Muster von System UNL-05 aus, woraus noch keine Folgerung auf die Lebensdauer zulässig ist.

Letztendlich besteht die Stärke der Methode der Extrapolation des Lichtstroms darin, frühzeitig Probleme feststellen zu können. So können beispielsweise beim System UNL-05 schon nach 4.000 Stunden Testdauer stark begründete Zweifel an einer Herstellerangabe von 35.000 Stunden Lebensdauer geäußert werden.

KAPITEL 7

ZUSAMMENFASSUNG UND AUSBLICK

Die Arbeit gliedert sich in drei Hauptteile. Im ersten Teil (Kapitel 4) wird eine Methode beschrieben, wie aus der Messung der Chiptemperatur die Lebensdauer eines LED-Systems in Abhängigkeit der Umgebungstemperatur prognostiziert werden kann. Die so erstellte Prognose soll anhand einer Alterungsmessung überprüft werden. Zur besseren messtechnischen Durchführung des Alterungstests wird im zweiten Teil der Arbeit (Kapitel 5) eine Methode entwickelt, die unter Verwendung der sogenannten Stabilisierungsfunktion die thermische Stabilisierung eines LED-Systems analytisch beschreiben kann. Diese Stabilisierungsfunktion verbessert nicht nur die Wiederholungsmessungen des Alterungstest, sondern kann auch zur Verbesserung von allgemeinen lichttechnischen Messungen von LED-Systemen verwendet werden. Außerdem kann aus der Stabilisierungsfunktion eine Methode abgeleitet werden, aktuelle Stabilisierungsverfahren nach Normen zu bewerten. Im dritten Teil (Kapitel 6) wird die Durchführung und Auswertung eines Alterungstests für LED-Systeme ausgeführt.

Zur Beschreibung der Lebensdauer von LEDs in Systemen werden in dieser Arbeit neue Begrifflichkeiten eingeführt, um die Bestimmung Inputparameter zur Berechnung der Lebensdauer des LEDs im System in drei Zuständigkeiten einzuteilen, deren Übergänge fließend sind. Die erste Zuständigkeit besteht in der Lebensdauerprognose der einzelnen LEDs, die dem LED-Chiphersteller obliegt. Die Prognose der Lebensdauer der einzelnen LEDs in Abhängigkeit des Betriebsstroms und der Chiptemperatur sind folglich Inputparameter der LED-Chiphersteller in das Modell zur Bestimmung der Lebensdauer der LEDs im System. Die zweite Zuständigkeit gehört zum Hersteller des LED-Systems und umfasst die thermische Charakterisierung des LED-Systems sowie das Einstellen des elektrischen Betriebspunkts, was über das EVG erfolgt. Das Ergebnis der Systemcharakterisierung ist die Angabe des Betriebsstroms, der durch die LEDs fließt, und der Temperaturdifferenz ΔT_{ju} zwischen LED und Umgebungsluft. Aus der thermischen Charakterisierung des LED-Systems über die Temperaturdifferenz folgt die Möglichkeit, die Lebensdauer der LEDs im System in Abhängigkeit der Umgebungstemperatur anzugeben. Somit kann die in einem Labor unter Standardbedingungen bestimmte Lebensdauer über eine neue Umgebungstemperatur in die Anwendung übertragen werden. Aus der Festlegung der Umgebungstemperatur in der Anwendung folgt die dritte Zuständigkeit, die dem späteren Anwender obliegt. Dieser Anwender erhält folglich seine individuell berechnete Systemlebensdauer, die aus der bei ihm herrschenden Umgebungstemperatur folgt.

Das Lebensdauermodell aus der Systemcharakterisierung ist allerdings noch keinesfalls abgeschlossen und lässt sich folgendermaßen erweitern. So wäre es wünschenswert, dass die Datenblätter zur Thematik der LED-Lebensdauer deutlich erweitert werden. Dafür sollten neben einer zusätzlichen Angabe zu Totalausfällen nicht nur Einzelwerte für Lichtstromdegradation bei bestimmten Betriebsströmen und Chiptemperaturen angegeben werden, sondern auch eine geeignete Parametrisierung der Lichtstromdegradation in Abhängigkeit von Strom und Temperatur enthalten. In Zukunft wird es allerdings fraglich sein, inwiefern die LED-Chiphersteller bereit sind, ausführliche Charakteristiken der LED-Lebensdauer zu bestimmen. Eine wissenschaftlich wünschenswerte lang andauernde und in großem Umfang durchgeführte Studie wirft bei den LED-Chipherstellern große Kosten auf, die sich im Konkurrenzkampf eines ohnehin immer stärkeren Preisdruck am LED-Markt ausgesetzt stehen. Folglich werden gerade bei preisgünstigeren LEDs, bei denen niedrigere Lebensdauern zu erwarten sind, Lebensdauerdaten immer schwieriger zu erhalten sein.

Neben dem aktuell entwickelten statischen Modell der Lichtstromdegradation kann die Prognose der Lichtstromdegradation auf ein dynamisches Modell erweitert werden. Dieses dynamische Modell könnte auch die Folge einer Stromänderung aufgrund der Degradation des EVGs enthalten. Ebenfalls können die verschiedenen Arten des Totalausfalls eingebaut werden.

Neben dem Ausbau des Lebensdauermodells sollte die Abhängigkeit der Lebensdauer von der Umgebungstemperatur stärker thematisiert werden. So ist es Aufgabe der Experten und LED-Systemhersteller, den Einfluss der Umgebungstemperatur auf die Lebensdauer in den Erfahrungsschatz von Anwendern, Endverbrauchern und Nichtexperten zu überführen. Dies kann über Lebensdauerdiagramme in Abhängigkeit der Umgebungstemperatur in Datenblättern von LED-Systemen geschehen oder durch die Einführung der maximalen Umgebungstemperaturen bei LED-Systemen in Analogie zur maximalen Chip- bzw. Lötpunkttemperatur.

Im zweiten Teil wird eine Methode zur analytischen Beschreibung der thermischen Stabilisierung von LED-Systemen vorgestellt. Diese Methode ermöglicht es, die Lichtstromdegradation aufgrund der thermischen Stabilisierung des LED-Systems vorherzusagen. Daraus kann der gesuchte Messwert im thermisch stabilen Zustand berechnet werden, was sowohl bei einem kalten als auch bei einem bereits betriebenen LED-System funktioniert. Zusätzlich lässt sich für eine gegebene Stabilisierungszeit die Abweichung des Lichtstroms vom Wert im thermisch stabilen Zustand berechnen und damit ein objektives Fehlerkriterium bilden. Daraus lässt sich eine Stabilisierungszeit ableiten, die angibt, ab wann das LED-System im Rahmen eines als tolerierbar eingeschätzten Fehlers das LED-System als stabil zu bezeichnen ist. Mit dieser Methode kann gezeigt werden, dass die aktuellen Normmethoden zum Bestimmen von Stabilisierungszeiten keine zuverlässiges Kriterium besitzen, die thermische Stabilisierung der LED-Systeme zu garantieren. Vielmehr hängt der Fehler, den die Normmethoden machen, von der Zeitkonstante des LED-Systems ab, die sich mit den Normmethoden nicht bestimmen lässt.

Die Stabilisierungsfunktion an sich lässt eine Beschreibung des Lichtstroms in der Stabilisierungsphase zu. Doch auch wenn die genaue Größe der Zeitkonstanten eines LED-Systems nicht bekannt ist, sollten sich in Zukunft größere Messfehler aus dem Wissen um eine notwendige thermische Stabilisierung vermeiden lassen. Darauf basierend sollte eine Möglichkeit gefunden werden, wie die Erkenntnisse der Stabilisierungsfunktion in die Normierung der Lichtstromstabilisierung mit einbezogen werden kann.

Im dritten Teil wird schließlich der Alterungstest beschrieben. Dabei wird zunächst der strukturelle Aufbau erläutert und es werden Maßnahmen vorgestellt, die die Reproduzierbarkeit der Wiederholungsmessungen erhöhen können. Die beschriebenen Maßnahmen korrigieren die thermischen Einflüsse auf den Lichtstrom des LED-Systems und beinhalten die Anwendung der Stabilisierungsfunktion sowie eine Korrektur einer sich leicht ändernden Umgebungstemperatur. Abschließend wird der Alterungstest nach 4.000 Stunden über eine extrapolierte Lichtstromdegradation bis an die Gültigkeitsgrenzen ausgewertet, wodurch sich für zwei LED-Systeme bereits ein $L_{70}B_{50}$-Wert im Rahmen der erlaubten Prognose angeben lässt, während bei acht LED-Systemen die Grenze der erlaubten Prognose angegeben werden kann.

Zur endgültigen Auswertung des Alterungstests ist es allerdings notwendig, die Brenndauer deutlich zu verlängern. So können einerseits reale Ausfälle mithilfe der Weibull-Statistik bewertet und die extrapolierte Lichtstromdegradation mit weiteren Messdaten unterlegt werden. Ebenfalls kann überprüft werden, wie sich die Degradation der LEDs und des EVGs kombiniert verhalten.

Abschließend kann gesagt werden, dass die LED an sich ein sehr zuverlässiges Bauteil ist, solange sie in den für sie vorgesehenen Parametern betrieben wird. Das Wissen um diese Parameter sollte es in Zukunft möglich machen, die lange Lebensdauer der LEDs auch beim Einbau in ein LED-System zu erhalten.

Zur vollständigen Bewertung von LED-Systemen versteht sich diese Arbeit als Teillösung. Die resultierenden Lebensdauern der LEDs im System müssen immer im Kontext zu den resultierenden Lebensdauern der EVGs gesehen werden, die in einer Partnerarbeit des BMBF-Projektes UNILED bewertet werden. Weiterhin müssen gemessene Lichtströme der LED-Systeme im Kontext der gegebenen Messunsicherheiten betrachtet werden, die in einer weiteren Partnerarbeit untersucht werden.

Mathematische Herleitungen

Im Anschluss werden einige mathematische Ausdrücke hergeleitet. Das beinhaltet die Ausführung von Äquivalenzen zwischen dem Forster- und Cauer-Netz sowie zwischen zeitabhängigen Lichtströmen aus Abschnitt 4.1.3.

A.1. Äquivalenzen zwischen Forster- und Cauer-Netz

Das Forster- und Cauernetz ergibt unter bestimmten Voraussetzungen gleiche Lösungen, was im Anschluss gezeigt wird. Das beinhaltet einerseits die äußere Äquivalenz, was die Äquivalenz der zeitunabhängigen Lösung beschreibt, und andererseits eine Äquivalenz, wenn die erste Wärmekapazität klein ist.

Herleitung äussere Äquivalenz

Die Lösungen des Forster- und Cauer-Netzes müssen äußerlich äquivalent ein, da sie beide für große Zeiten ($t \rightarrow \infty$) die Fourier-Gleichung erfüllen müssen. Aus dieser kann gefolgert werden, dass bei thermischen Serienschaltungen sich der thermische Widerstand aus der Summe der Einzelwiderstände ergibt. Da Exponentialfunktionen im

Grenzwert gegen minus Unendlich verschwinden, kann aus der Lösung des Forster-Netzes (Gleichung 2.39) trivialerweise die Lösung des thermischen Gesamtwiderstands (Gleichung 2.20) abgeleitet werden, was zu folgendem Ausdruck führt:

$$R_{th} = \lim_{t \to \infty} R_1(1 - e^{-\frac{t}{\tau_1}}) + R_2(1 - e^{-\frac{t}{\tau_2}}) = R_1 + R_2 \qquad \text{(A.1)}$$

Durch selbiges Eliminieren der Exponentialfunktionen im Grenzwert $t \to \infty$ ergibt sich aus Gleichung 2.45 für das Cauer-Netz folgender Zusammenhang:

$$\begin{aligned} R_1^* + R_2^* &= \frac{-\omega_2}{\omega_1 - \omega_2}[R_1 + R_2] + \frac{\omega_1}{\omega_1 - \omega_2}[R_1 + R_2] \qquad \text{(A.2)} \\ &= R_1 + R_2 \end{aligned}$$

Somit ergeben sowohl die Forster- als auch die Cauer-Lösung für zeitunabhängige Probleme die gleiche Lösung.

HERLEITUNG ÄQUIVALENZ FÜR KLEINE LED-KAPAZITÄT

Die Lösungen des Forster- und Cauer-Netzes 2. Ordnung können auch für zeitabhängige Probleme äquivalent sein, wenn folgende Randbedingungen erfüllt sind:

$$R_1 \gtrless R_2 \qquad \text{(A.3)}$$

$$C_1 \ll C_2 \qquad \text{(A.4)}$$

Unter diesen Randbedingungen gilt für die verschiedenen Zeitkonstanten:

$$\tau_2 \gg \tau_1 \qquad \text{(A.5)}$$

$$\tau_2 \gg \tau_{12}$$

Darauf lässt sich für die inversen Zeitkonstanten ω_i der Cauer-Lösung Folgendes herleiten:

$$\omega_1 = \frac{\tau_2}{\tau_1 \tau_2} \left(\frac{1}{2} + \frac{1}{2} \sqrt{1 - \frac{4\tau_1}{\tau_2}} \right) \approx \frac{1}{\tau_1} \tag{A.6}$$

$$\omega_2 = \frac{\tau_2}{\tau_1 \tau_2} \left(\frac{1}{2} - \frac{1}{2} \sqrt{1 - \frac{4\tau_1}{\tau_2}} \right) \approx \frac{1}{\tau_1} \left(\frac{1}{2} - \frac{1}{2} \left(1 - 2\frac{\tau_1}{\tau_2} \right) \right)$$

$$\approx \frac{1}{\tau_2} \tag{A.7}$$

In der Berechnung von ω_2 wurde nach Taylor entwickelt und nach dem zweiten Glied die Summe beendet. Mit diesen Näherungen ergibt sich für die thermischen Widerstände:

$$R_1^* = \frac{\tau_1}{\tau_2 - \tau_1} \left[R_1 \left(\frac{\tau_2}{\tau_1} - 1 \right) - R_2 \right] \to R_1 \tag{A.8}$$

$$R_2^* = \frac{\tau_2}{\tau_2 - \tau_1} \left[R_1 \left(1 - \frac{\tau_2}{\tau_2} \right) + R_2 \right] \to R_2 \tag{A.9}$$

Da alle Koeffizienten der Forster- und Cauer-Lösung gleich sind, folgt damit auch die Äquivalenz der Gesamtlösung. Somit lässt sich die Lösung aus zwei Komponenten bei entsprechenden Unterschieden in den Wärmekapazitäten anschaulich auch auf LED-Systeme mit mehr als zwei RC-Gliedern erweitern.

A.2. HERLEITUNG DER ÄQUIVALENZ VON GLEICHUNG 4.16 UND 4.17

Die Äquivalenz wird ausgehend von Gleichung 4.17 gezeigt:

$$\Phi_f(t) = \sum_{k=0}^{n} \binom{n}{k} F(t)^k (1 - F(t))^{n-k} \frac{n-k}{n} \Phi(t) \tag{A.10}$$

Die Summe kann um das letzte Summenglied reduziert werden, da der Faktor $\frac{n-k}{n}$ für n=k Null ergibt. Weiterhin lässt sich der Vorfaktor der Binomialverteilung folgendermaßen umschreiben:

$$\binom{n}{k} = \binom{n-1}{k} \frac{n}{n-k} \tag{A.11}$$

Daraus vereinfacht sich Gleichung 4.17 zu:

$$\Phi_f(t) = \sum_{k=0}^{n} \binom{n-1}{k} F(t)^k (1 - F(t))^{n-k} \Phi(t) \tag{A.12}$$

Beim Ausklammern des Lichtstroms und einmal der Fehlerwahrscheinlichkeit ergibt sich.

$$\Phi_f(t) = (1 - F(t)) \Phi(t) \sum_{k=0}^{n} \binom{n-1}{k} F(t)^k (1 - F(t))^{n-1-k} \tag{A.13}$$

Da die Summe über die Binomialverteilung per Definition 1 ergibt, ist die Äquivalenz zu Gleichung 4.13 gezeigt.

Stabilisierung der LED-Systeme des Alterungstests

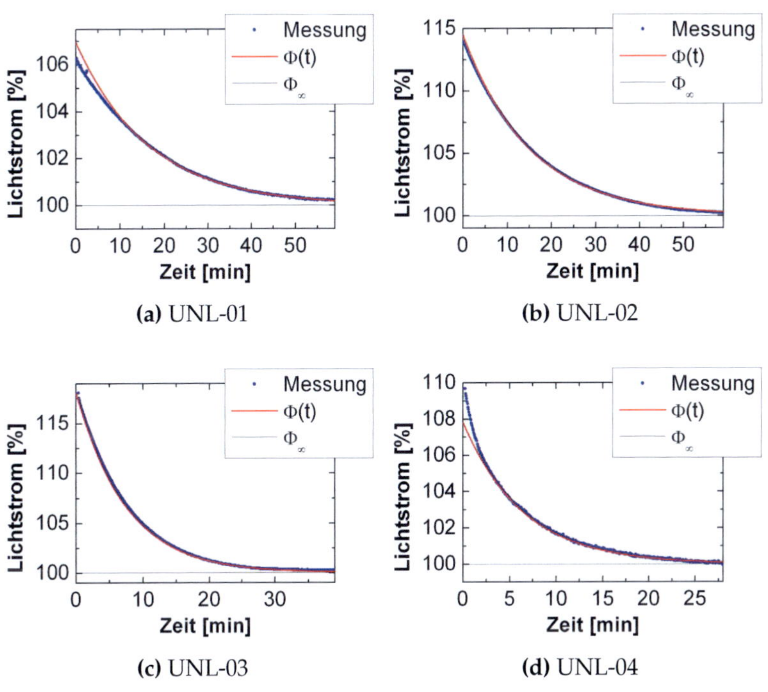

Abbildung B.1.: Anpassungen der Systeme UNL01-04

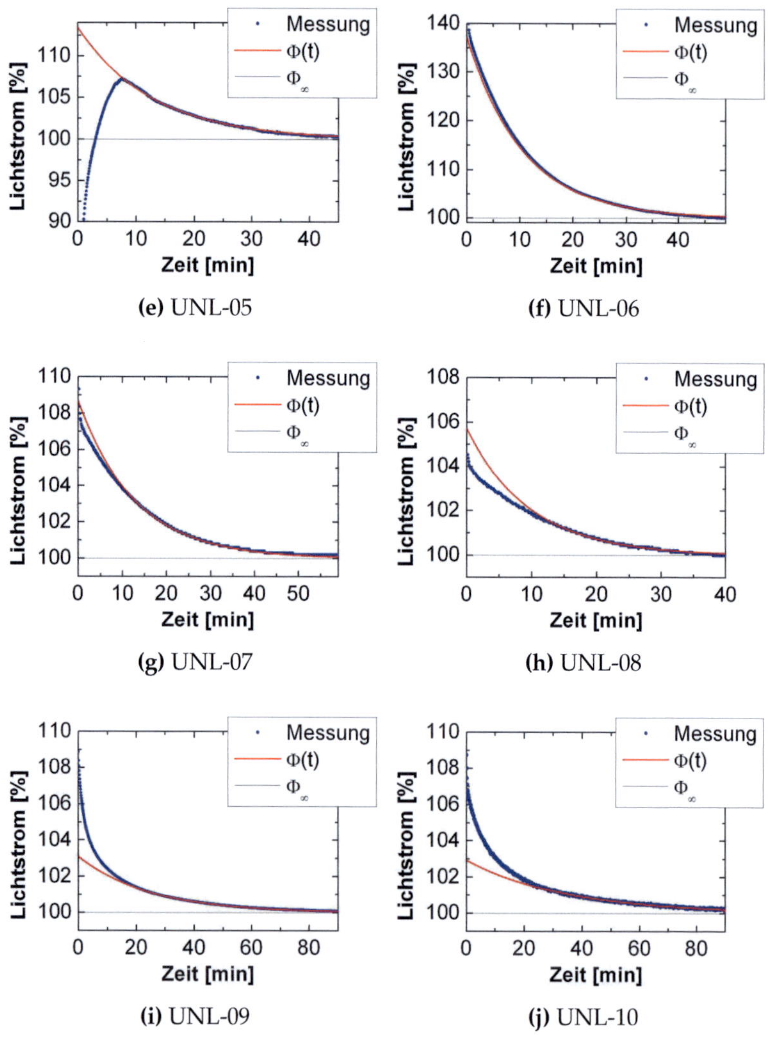

(e) UNL-05

(f) UNL-06

(g) UNL-07

(h) UNL-08

(i) UNL-09

(j) UNL-10

Abbildung B.1.: Anpassungen der Systeme UNL05-10

Tabellen

C.1. Verwendet Abkürzungen

Tabelle C.1.: Verwendetet Abkürzungen

Abkürzung	Erklärung
AlInGaP	Aluminiumindiumgalliumphosphid, III-V-Halbleiter
AVT	Aufbau und Verbindungstechnik
CFD	Computational Fluid Dynamics (Software zur numerischen Lösung von Problemen der Strömungsmechanik)
EVG	Elektrisches Vorschaltgerät
IEC	International Electrotechnical Commission (Europäisches lichttechnisches Normungsgremium)
IES	Illuminating Enginieering Society (Nordamerikanisches lichttechnisches Normungsgremium)
InGaN	Indiumgalliumnitrid, III-V-Halbleiter
SRH	Shockley-Read-Hall-Rekombination (siehe Abschnitt 2.2.1)

C.2. LICHTTECHNISCHE GRUNDGRÖSSEN

Tabelle C.2.: Übersicht über photometrische und radiometrische Größen

Photometrische Größen	Radiometrische Größen
Lichtstrom Φ	Strahlungsfluss / Strahlungsleistung Φ_e
Einheit: Lumen (lm)	Einheit: Watt (W)
$\Phi = K_m \int \Phi_{e,\lambda}(\lambda)V(\lambda)d\lambda$	$\Phi_e = \int \Phi_{e,\lambda}(\lambda)d\lambda$
Lichtstärke I	Strahlstärke I_e
Einheit: Candela ($cd = \frac{lm}{sr}$)	Einheit: Watt / Raumwinkel ($\frac{W}{sr}$)
$I = \frac{d\Phi}{d\Omega}$	$I_e = \frac{d\Phi_e}{d\Omega}$
Beleuchtungsstärke E	Bestrahlungsstärke E_e
Einheit: Lux ($lx = \frac{lm}{m^2}$)	Einheit: Watt / Quadratmeter ($\frac{W}{m^2}$)
$E = \frac{d\Phi}{dA}$	$E_e = \frac{d\Phi_e}{dA}$
Leuchtdichte L	Strahldichte L_e
Einheit: Lumen / Quadratmeter ($\frac{cd}{m^2}$)	Einheit: Watt / Quadratmeter ($\frac{W}{m^2 sr}$)
$L = \frac{dI}{cos\varphi dA}$	$L_e = \frac{dI_e}{cos\varphi dA}$

C.3. BEWERTUNG DER NORMEN

Tabelle C.3.: Zuordnung der LED-Systeme zur Bewertung der Normen und in Alterungstest

Bewertung Normen	Alterungstest
System 1	UNL-03
System 2	UNL-04
System 3	UNL-06
System 4	UNL-05
System 5	UNL-08
System 6	UNL-07
System 7	UNL-02
System 8	UNL-01
System 9	UNL-09
System 10	UNL-10

Tabelle C.4.: Bewertung nach IES LM-79: Die drei Parameter sind $\Delta t = 30\,min$, $F_{tol} = 0,5\,\%$ und $l_m = 15\,min$

System	t_{IES} [min]	$t(F_{tol})$ [min]	$t_{N,min}$ [min]	$t_{N,max}$ [min]	τ [min]
1	60	25,2	55,4	70,4	7,1
2	60	19,5	50,4	65,4	7,6
3	75	42,6	70,5	85,5	10,4
4	60	30,2	59,2	74,2	10,6
5	60	27,8	58,6	73,6	12,8
6	75	39,5	68,0	83,0	14,4
7	90	53,0	80,3	95,5	15,6
8	75	44,5	71,2	86,2	17,3
9	75	44,4	65,2	80,2	24,4
10	75	61,0	70,5	85,5	34,5

System	$\dfrac{\tau \cdot ln(2)}{\Delta t}$ [1]	$\dfrac{\tau \cdot ln(1+e^{-\frac{l_m}{\tau}})}{\Delta t}$ [1]	$F_s(t_{N,min})$ [%]	$F_s(t_{N,max})$ [%]	$F_s(t_{IES})$ [%]
1	0,2	0,0	0,01	0,00	0,00
2	0,2	0,0	0,01	0,00	0,00
3	0,2	0,1	0,03	0,01	0,02
4	0,2	0,1	0,03	0,01	0,02
5	0,3	0,1	0,05	0,02	0,03
6	0,3	0,1	0,07	0,03	0,04
7	0,4	0,2	0,09	0,03	0,05
8	0,4	0,2	0,11	0,05	0,09
9	0,6	0,4	0,21	0,11	0,15
10	0,8	0,6	0,36	0,24	0,34

Tabelle C.5.: Bewertung nach DIN IEC/PAS 62717: Die drei Parameter sind $\Delta t = 5\,min$, $F_{tol} = 1{,}0\,\%$ und $l_m = 15\,min$

System	t_{IEC} [min]	$t(F_{tol})$ [min]	$t_{N,min}$ [min]	$t_{N,max}$ [min]	τ [min]
1	30	20,3	20,7	35,7	7,1
2	15	14,6	14,6	29,6	7,6
3	30	34,8	28,6	43,6	10,4
4	30	22,8	27,5	42,5	10,6
5	15	19,6	11,3	26,3	12,8
6	30	29,7	16,9	31,9	14,4
7	30	42,1	26,4	41,4	15,6
8	15	32,1	13,1	28,1	17,3
9	15	27,5	15*	15*	24,4
10	15	37,1	15*	15*	34,5

System	$\dfrac{\tau \cdot ln(2)}{\Delta t}$ [1]	$\dfrac{\tau \cdot ln(1+e^{-\frac{l_m}{\tau}})}{\Delta t}$ [1]	$F_s(t_{N,min})$ [%]	$F_s(t_{N,max})$ [%]	$F_s(t_{IEC})$ [%]
1	1,0	0,2	0,99	0,12	0,19
2	1,1	0,2	1,09	0,15	0,92
3	1,4	0,4	1,66	0,39	0,88
4	1,5	0,5	1,70	0,41	0,72
5	1,8	0,7	2,15	0,67	1,34
6	2,0	0,9	2,48	0,88	1,01
7	2,2	1,0	2,73	1,04	2,22
8	2,4	1,2	3,09	1,30	2,76
9	3,4	2,1	1,81*	1,81*	1,81
10	4,8	3,4	2,37*	2,37*	2,37

*: Stabilisierungskriterium der Norm schon mit Start erfüllt ($t_b < 0$).

Betreute Arbeiten

- C. Herbold, *„Entwurf und Aufbau eines Hochleistungs-UV-LED-Moduls"*, Diplomarbeit, (2009)

- C. Beyer, *„Optische Eingangscharakterisierung von LED-Systemen"*, Bachelorarbeit (2011)

- J. Inga, *„Thermische Charakterisierung von LED-Systemen"*, Bachelorarbeit (2011)

- K. Przygoda *„Thermisches und optisches Verhalten von Leuchtdioden"*, Studienarbeit (2012)

VERÖFFENTLICHUNGEN

- M. Scholdt, A. Domhardt, S. Wendel, U. Lemmer, *„Auslegung eines vollfarbsteuerbaren High-Power-LED-Moduls"*, Lux Junior, Ilmenau, Deutschland (2009)

- M. Scholdt, H. Do, J. Lang, A. Gall, A. Colsmann, U. Lemmer, J. Koenig, M. Winkler, H. Boettner, *„Organic Semiconductors for Thermoelectric Applications"*, Journal of Electronic Materials (2010)

- M. Scholdt, C. Herbold, M. Schneider, C. Neumann, *„UV-LED Module Design with Maximum Power Density"*, Solid-State and Organic Lighting, OSA Technical Digest (CD), paper SOWC4, Optical Society of America (2010)

- C. Herbold, M. Schneider, M. Scholdt, C. Neumann, *„Entwurf und Aufbau eines UV-LED Moduls mit hoher Leistungsdichte"* Lux junior 2011, Tagungsband, Dörnfeld/Ilm (2011)

- M. Scholdt, C. Beyer, M. Perner, C. Neumann, *„Aufbau einer Langzeitmessung von LED-Systemen"*, Lux junior 2011, Tagungsband, Dörnfeld/Ilm (2011)

- M. Scholdt, K. Trampert, C. Neumann, *„Analyse des thermischen Degradationsverhaltens von LED-Systemen"* LICHT 2012, Tagungsband der 20. Gemeinschaftstagung, Berlin (2012)

LITERATURVERZEICHNIS

[1] "Lighting the way: Perspectives on the global lighting market," tech. rep., McKinsey, 2012.

[2] "Licht und Schatten," tech. rep., Stiftung Warentest, 2009.

[3] IES, "Tm-21-11 Projecting Long Term Lumen Maintenance of LED Light Sources," 2011.

[4] IEC, "DIN/PAS 62717 LED-Module für die Allgemeinbeleuchtung - Anforderungen an die Arbeitsweise," 2011.

[5] VDA, *Zuverlässigkeitssicherung bei Automobilherstellern und Lieferanten- Zuverlässigkeits- Methoden und -Hilfsmittel*, vol. 3. Verband der Automobilindustrie, 2000.

[6] H. Wilker, *Weibull-Statistik in der Praxis*. 2010.

[7] W. Glatthorn, "Zuverlässigkeitsrechnung technischer Produkte," 2011.

[8] Philips, "Evaluating the Lifetime Behavior of LED Systems," tech. rep., Philips, 2010.

[9] IES, "LM-80-08: Measuring Lumen Maintenance of LED Light Sources," 2008.

[10] Philips, "IESNA LM-80 Test Report," tech. rep., 2012.

[11] E. F. Schubert, *Light-Emitting Diodes*. Cambridge University Press, June 2006.

[12] P. N. Grillot, M. R. Krames, H. Zhao, and S. H. Teoh, "Sixty Thousand Hour Light Output Reliability of AlGaInP Light Emitting Diodes," *IEEE Transactions on Device and Materials Reliability*, vol. 6, 2006.

[13] G. Meneghesso, M. Meneghini, and E. Zanoni, "Recent results on the degradation of white LEDs for lighting," *Journal of Physics D: Applied Physics*, vol. 43, 2010.

[14] O. Pursiainen, N. Linder, A. Jaeger, R. Oberschmid, and K. Streubel, "Identification of Aging Mechanisms in the Optical and Electrical Characteristics of Light-Emitting Diodes," *Applied Physics Letters*, vol. 79, 2001.

[15] G. Kräuter, "Zuverlässigkeit in der LED-Technologie: Alterungsphänomene bei LEDs und LED-Produkten," tech. rep., Osram GmbH, 2012.

[16] M. Meneghini, L.-R. Trevisanelloa, F. Zuania, N. Trivellina, G. Meneghessoa, and E. Zanoni, "Extensive Analysis of the Degradation of Phosphor-Converted LEDs," *Proceeding SPIE 7422*, 2009.

[17] "General LED catalogue," tech. rep., Toyoda Gosei Corporation, Japan, 2000.

[18] C. Kittel, *Einführung in die Festkörperphysik*. Oldenburg Wissenschaftsverlag, 2006.

[19] Y. Xi and E. F. Schubert, "Junction-temperature measurement in GaN ultraviolet light-emitting diodes using diode forward voltage method," *Applied Physics Letters*, vol. 85, p. 2163, 2004.

[20] M. Wutz, *Wärmeabfuhr in der Elektronik*. Vieweg Verlag, 1991.

[21] W. Wagner, *Wärmeübertragung*. Vogel Verlag, 1998.

[22] R. Marek and K. Nitsche, *Praxis der Wärmeübertragung*. Carl Hanser Verlag, München, 2007.

[23] H. Kaplan, *Practical Applications of Infrared Thermal Sensing and Imaging Equipment*. SPIE Press, 2007.

[24] D. Meschede, *Gerthsen Physik*. Springer-Verlag, Heidelberg, 2006.

[25] "Golden DRAGON LED - LW W5SG," tech. rep., Osram Opto Semiconductors GmbH, 2004.

[26] Philips, "LUXEON Rebel - LXM8 - Datasheet," tech. rep., 2012.

[27] G. Farkas, Q. Vader, A. Poppe, and G. Bognar, "Thermal investigation of high power Optical Devices by transient testing," *Components and Packaging Technologies, IEEE Transactions on*, vol. 28, pp. 45 – 50, march 2005.

[28] R. Stout, "Thermal RC Ladder Networks," tech. rep., ON Semiconductor, 2006.

[29] P. Vielhauer, *Lineare Netzwerke: Operatorenrechnung, Leitungstheorie, n-Tor-Theorie, Netzwerksynthese*. Verlag Technik, 1982.

[30] D. Rowe, ed., *Thermoelectrics Handbook: Macro to Nano*. CRC Press - Taylor & Francis Group, 2006.

[31] P. Koschke, W. Hüttl, and C. Rinn, "Almemo - Handbuch," Tech. Rep. 9. Auflage, Ahlborn Mess- und Regelungstechnik, 2011.

[32] IrfraTec, *Einführung in Theorie und Praxis der Infrarot-Thermografie*, 2010.

[33] P. J. Brimmer, P. R. Griffiths, and N. J. Harrick, "Angular Dependence of Diffuse Reflectance Infrared Spectra. Part I: FT-IR Spectrogoniophotometer," *Appl. Spectrosc.*, vol. 40, pp. 258–265, 1986.

[34] MicRed, "Theoretical background of the T3Ster measurement," tech. rep., 2005.

[35] A. Poppe, "LED Thermal Characterization Made Easy," tech. rep., Mentor Graphics Corporation, 2010.

[36] G. Farkas, S. Haque, F. Wall, P. Martin, A. Poppe, Q. van Voorst Vader, and G. Bognar, "Electric and thermal transient effects in high

power optical devices," in *Twentieth Annual IEEE Semiconductor Thermal Measurement and Management Symposium, 2004*, pp. 168 – 176, Mar. 2004.

[37] H.-J. Hentschel, *Licht und Beleuchtung*, vol. 4. Auflage. 1994.

[38] TechnoTeam Bildverarbeitung GmBH, *Nahfeld Goniophotometer RIGO801*.

[39] D. Kühlke, *Optik - Grundlagen und Anwendung*. Verlag Harri Deutsch, 2011.

[40] Instrument Systems, *MAS 40 Mini-Array-Spektrometer*.

[41] Instrument Systems, *CAS 140CT Array Spektrometer*.

[42] Philips, "AB33: LUXEON LED Thermal Measurement Guidelines," tech. rep., 2012.

[43] I. Bronstein, K. Semendjajew, G. Musiol, and H. Mühlig, *Taschenbuch der Mathematik*. Thun und Frankfurt am Main: Verlag Harry Deutsch, 5. auflage ed., 2001.

[44] IEC, "DIN EN 62663-2 LED-Lampen ohne eingebautes Vorschaltgerät - Anforderung an die Arbetisweise," Januar 2013.

[45] M. L. Gasperi, "Life Prediction Model for Aluminium Electrolytic Capacitors," *IEEE Inductry Application Conference*, vol. 3, pp. 1347–1351, 1996.

[46] IES, "LM-79-08: Electrical and Photometric Measurements of Solid-State lighting products," 2008.

[47] "OSTAR - Lighting with Optics - LE UW E3B," tech. rep., Osram Opto Semiconductors GmbH, 2011.

[48] "Datasheet Z-LED - X42182," tech. rep., Seoul Semiconductor, 2009.

[49] T. Strutz, *Data Fitting and Uncertainty: A practical introduction to weighted least squares and beyond*. Vieweg+Teubner Verlag, 2011.

[50] "Lighting the way: Perspectives on the global lighting market," tech. rep., McKinsey, 2011.

[51] Nuventix, "Synjet downlight cooler," tech. rep., 2012.